물

과학의 거울

K. S. 데이비스 · J. A. 데이 지음
소현수 옮김

전파과학사

* 편집자 주) 원소 이름 변경사항
나트륨(NA)과 칼륨(K)은 2008년부터 소듐(나트륨, Na), 포타슘(칼륨, K)으로 혼용하다가 2014년부터 소듐(Na), 포타슘(K)으로 단독표기하고 있다.

원소 번호	변경 전		변경 후
3	나트륨	→	소듐 Na
9	불소	→	플루오린 F
19	칼륨	→	포타슘 K
22	티탄	→	타이타늄 Ti
24	크롬	→	크로뮴 Cr
25	망간	→	망가니즈 Mn
32	게르마늄	→	저마늄 Ge
34	셀렌	→	셀레늄 Se
35	브롬	→	브로민 Br
41	니오브	→	나이오븀 Nb
42	몰리브덴	→	몰리브데넘 Mo
46	파라디움	→	팔라듐 Pd
51	안티몬	→	안티모니 Sb
53	요오드	→	아이오딘 I
54	크세논	→	제논 Xe
57	란탄	→	란타넘 La
65	테르븀	→	터븀 Tb
73	탄탈	→	탄탈럼 Ta
113	우눈트륨 Uut	→	니호늄 Nh
115	우눈펜튬 Uup	→	모스코븀 Mc
117	우눈셉튬 Uus	→	테네신 Ts
118	우누녹튬 Uuo	→	오가네손 Og

PSSC의 과학연구총서
The Science Study Series

『과학연구총서』는 학생들과 일반 대중에게 소립자부터 전 우주에 이르기까지 과학에서 가장 활발하고 기본적인 문제들에 관한 고명한 저자들의 저술을 제공한다. 이 총서 가운데 어떤 것은 인간 세계에서의 과학의 역할, 인간이 만든 기술과 문명을 논하고 있고, 다른 것은 전기적 성격을 띠고 있어 위대한 발견자들과 그 발견에 관한 재미있는 얘기들을 써 놓고 있다. 모든 저자는 그들이 논하는 분야의 전문가인 동시에 전문적인 지식과 견해를 재미있게 전달할 수 있는 능력의 소유자이다. 이 총서의 일반적인 목적은 어린 학생이나 일반인이 이해할 수 있는 범위 안에서 전체적인 내용을 살펴보는 것이다. 바라건대 이 중에 많은 책들이 독자로 하여금 자연현상에 관해 스스로 연구하도록 만들어 주었으면 한다.

이 총서는 모든 과학과 그 응용 분야의 문제들을 다루고 있지만, 원래는 고등학교의 물리 교육과정을 개편하기 위한 계획으로 시작되었다.

1956년 매사추세츠공과대학(MIT)에 물리학자, 고등학교 교사, 신문잡지 기자, 실험기구 고안가, 영화 제작가, 기타 전문가들이 모여 물리 과학교육 연구위원회(Physical Science Study Commitee, 약칭 PSSC)를 조직했는데 현재는 매사추세츠주 워터타운에 있는 교육 서비스사(Educational Services Incorporated, 현재는 Educational Development Center, 약칭 EDC)의 일부로 운영되고 있다. 그들은 물리학을 배우는 데 쓸 보조자료를 고안하고 제작하기 위해 그들의 지식과 경험을 합쳤다. 처음부터 그들의 노력은 국립 과학재단(The National Science Foundation, 약칭 NSF)의 후원을 받았는데, 이 사업에 대한 원조는 지금도 계속되고 있다. 포드재단 교육진흥기금, 앨프리드 P. 슬로운재단 또한 후원해주었다. 이 위원회는 교과서, 광범한 영화 시리즈, 실험지침서, 특별히 고안된 실험기구, 그리고 교사용 자료집을 만들었다.

이 총서를 이끌어가는 편집위원회는 다음의 인사들로 구성돼 있다.

편집주간: 브루스 F. 킹즈베리
편집장: 존 H. 더스튼(보존재단)
편집위원:
폴 F. 브랜드와인(보존재단 및 하코트, 브레이스 앤드 월드 출판사)
프랜시스 L. 프리드먼(매사추세츠공과대학)
사무엘 A. 가우트스밋(브룩헤이븐 국립연구소)
필립 르코베이에(하버드대학)
제라드 필(『사이언티픽 아메리칸』)
허버트 S. 짐(사이먼 앤드 슈스터 출판사)

저자에 대하여

잘 알려진 저자인 케니드 S. 데이비스는 1912년에 미국 캔자스주 설라이나(Salina)에서 태어나 같은 주 맨해튼에서 자랐다. 그의 부친은 그곳 캔자스주립대학의 농업경제학 교수였다. 데이비스는 고등학교 시절부터 작문에 흥미가 있었다. 그는 캔자스주립대학에서 첫 2년 동안 화학을 전공하였으나, 대학의 신문과 잡지 제작에 열중하였으며, 마침내 저널리즘으로 전공을 바꾸었다. 그는 위스콘신대학에서 1934년에 학사학위를, 1935년에 석사학위를 받았다.

데이비스는 토양보호국(Soil Conservation Service)의 정보전문가, 2차 세계대전 중에는 한 군수품 공장의 신문 편집인, 뉴욕대학의 저널리즘 강사 및 캔자스주립대학 총장의 보좌관을 역임하였다. 1951년에 그는 집필에 전념하기로 결정하였다. 그의 저서들은 다음과 같다.

『민주주의의 군인, 아이젠하워의 전기(Solier of Democracy, A Biography of Dweight Eisenhower)』(1945), 하천 개발에 대한 에세이인 『광포한 강(River on the Rampage)』(1953), 『그의 조국에서의 선지자: 애들레이 E. 스티븐슨의 성공과 패배(A Prophet in His Own Country: The Triumphs and Defeats of Adlai E. Stevenson)』(1957) 및 『영웅: 린드버그와 미국의 꿈(The Hero: Charles A. Lindbergh and the American Dream)』(1959).

이 책의 공저자로서 그는 다음과 같이 적고 있다.

6

과학은 학생들에게 올바로 제시하면 인간을 인간답게 하는 제재 (題材)이다. 이것을 인문과학에서 떼어 놓음으로써 사람들과 우리 시대에 대해 자유스러운 세계 공동사회를 건설하는 데 필요한 심미 적 직관과 정확한 과학적 관찰과 논리적 사고의 교잡(Cross-fertilization)을 가로막는 것은 서글픈 실수이다.

잔 아더 데이는 기상학을 연구하는 중에 물의 여러 성질들에 흥미를 갖게 되었다. 그는 데이비스가 태어난 지 8개월 후에 캔자스주의 설라이나에서 태어나, 콜로라도대학에서 수학하였으 며 그곳에서 물리학 학사학위를 받았다. 보잉(Boeing) 항공학 교에서 기상학 강의를 들은 것이 계기가 되어 팬아메리칸 항공 사의 기상학자로 10년 동안 근무하였다.

1946년에 데이는 가르치고 연구하는 데 뜻을 두어 오리건주 립대학으로 가서 물리학과 기상학을 가르쳤으며, 인공적으로 구름을 만드는 법과 과냉각된 물방울의 행동에 대해 연구하였 다. 동시에 대학원 과정을 밟아 석사학위와 박사학위를 받았다.

데이는 캘리포니아주의 레들랜즈(Redlands)대학에서 객원 부 교수를 역임했으며, 현재는 오리건주의 맥민빌(McMinnville)에 있는 린필드(Linfield)대학의 물리학 부교수로 재직하고 있다. 그 는 『기후의 기초(Rudiments of Weather)』(1958)의 공저자이며, 학술잡지에 기고하고 있다. 그의 가족은 맥민빌에 살고 있다.

차례

8

서언

1

물은 유별난(Unusual) 물질이다. 처음부터 이렇게 말하면 상식에 어긋나는 것처럼 들릴지 모른다. 독자는 언제나 '유별난'이란 단어가 흔하지 않은 것을 의미하는 것으로 생각했을 것이고 실제로 사전을 보아도 그렇게 되어 있다. 반면에 이와 반대인 '보통'이라는 단어를 찾아보면 '흔히 사용되는'이라고 적혀 있다. 이 정의를 따르면 물이야말로 가장 유별나지 않은 물질일 것이다.

독자의 일상생활 중에 나타나는 물을 생각해 보자. 아침에 물로 목욕을 하고 양치질을 하고 또 물을 마셨다. 또한 잠이 깨어 창밖을 바라보다가 비가 내려서 마당과 길에 조그만 웅덩이와 개울이 만들어지는 광경을 목격했을지도 모른다. 독자가 오늘 많이 돌아다닌다면 저녁이 되기 전에 적어도 한 번 강을 건너거나 호숫가를 지나갈 가능성이 크며, 또한 만약 독자의 집이 바닷가에 있다면 망망한 바다를 바라보며 물이 지표(地表)의 약 3/4을 덮고 있음을 생각해 보게 될지도 모른다.

물론 이 물은 지구 표면에 균등하게 분포되어 있지는 않다. 대부분의 물은 그 속에 녹아 있는 소금 때문에 식수(食水)나 관개수(灌漑水)로는 부적합한 상태로 해분(海盆)에 들어 있다. 바닷물은 증류되었다가 육지 위에 떨어지는데 강수량은 장소와 시간에 따라 크게 다르다. 어떤 독자는 다른 사람들보다 더욱

절실하게 이러한 사실을 실감했을 것이다. 빈번히 찾아오는 가뭄 중에 세찬 바람이 무서운 검은 먼지구름을 말아 올리는 대초원(Great Plains)에 사는 사람이나, 미국 남서부 사막들에 인공으로 만들어 놓은 오아시스에 사는 사람은 습기가 많은 지방에 사는 사람보다 물의 중요성을 훨씬 더 잘 알고 있을 것이다. 이런 사람이라 할지라도 가장 건조한 황무지에까지 물이 스며 있는 사실을 다른 사람들보다 잘 알고 있으므로 물을 '유별나다'고 부르는 데 반대할지도 모른다. 불모의 모래벌판 아래에는 호수와 강이 묻혀 있다. 이들은 전 세계에 퍼져 있는 연속적인 지하수 그물조직의 일부이다. 깊은 우물을 파서 이 조직으로부터 물을 끌어낼 수 있으며, 실제로 이렇게 함으로써 이런 곳의 주민에게도 뉴잉글랜드 지방의 주민과 마찬가지로 물이 사전에서 의미하는 대로의 '보통' 물질이 되게 하였다.

사실상 어느 곳에 살든 간에 물이 이런 뜻으로 '보통' 물질이 되지 못하면 우리는 생존할 수 없다. 우리는 문자 그대로 물로 태어났다. 태어나기 전 9개월 동안 어머니 뱃속에 있을 때 물에서 헤엄을 쳤다. 만약 우리가 생명을 물리적 과정으로 간주한다면 태어나서 죽을 때까지 생명의 전부는 살을 둑과 바닥으로 한 물의 흐름으로 기술할 수 있다. 우리 몸의 모든 생세포는 내부가 유체로 되어 있는데 이것은 여러 가지 물질들의 수용액이다. 우리의 피는 90% 이상이 물로 되어 있고 신장은 때로 82%까지 물로 구성되어 있다. 근육은 75%가 물이고, 간은 69%가 물이다. 뼈까지도 22%가 물로 되어 있다. 전체적으로 우리 몸무게의 약 71%가 물이며, 이 물이 몸의 표면에서 증발하고 흘러 나가고 숨 쉴 때 수증기로 배출되므로 계속해서 보충해야 한다. 우리는 매년 우리 몸무게의 5배나 되는 물을 마시며 정상적인 기간을 산 후에 죽는다면 그동안 25,000ℓ의 물을 마셨을 것이다.

물과 생명 간에는 너무나 밀접한 관계가 있어서 버나드 프랭크(Bernard Frank)는 이렇게 말했다.

인간의 역사는 물과의 서사시적인 관계로서 적을 수 있다.*

우리가 자세하게 알고 있는 최초의 문명은 비가 잘 오지 않고 지표수를 찾기가 힘든 북아프리카와 중동의 평탄한 강 유역들에서 발달하였다. 이런 곳에서 문명이 꽃핀 것은 물이 귀했기 때문인지도 모른다. 목마른 사람들이 만성적인 가뭄이 계속되는 지역에서 오래 살아남기 위해서는 힘을 합쳐 계획적인 수리 사업을 실행해야 한다. 깊은 우물을 파야 하고(성서에서 나오는 유명한 야곱의 우물은 30m 이상의 바위층을 뚫은 것이다), 관개를 위해 수로를 파야 하고 (B.C. 1000년경에 수백 ㎞의 수로가 건조한 메소포타미아 지방을 동산으로 만들었다), 강물이 줄어들 때 일정한 양의 물을 계속 공급하기 위해 댐을 만들어 홍수 시의 물을 저장해야 하며(5000년 전에 이집트인들은 나일강의 홍수를 막기 위해 길이 106m, 높이 12m인 바위로 채운 댐을 건설하였다), 먼 거리까지 물을 수송하기 위해 도수관(導水管)을 만들어야 한다(B.C. 950년에 솔로몬(Solomon)은 이러한 것을 짓도록 명령하였다). 이런 모든 활동을 위해서는 전체의 복지를 위해 이기적인 생각을 버려야 하고 감정적인

---

*미국 농무성이 발간하는 Water, The Yearbook of Agriculture, 1955, p. 1에 실린 그의 에세이 "Our Need for Water"중에서

에너지를 합리적으로 조정할 수 있어야 하며, 일반적으로 말해서 안정된 사회조직을 유지하는 데 필요한 윤리적 개념이 발달해야 한다. 그리하여 경제적 분업과 모든 위대한 종교들의 도덕적 교의(敎義)의 기초가 물로부터 탄생했을지도 모른다.

이러한 고찰을 통해 독자는 물이 중요한 물질이며 역사와 관련하여 흥미로운 물질이라는 점을 깨닫게 되었겠지만 물이 '유별난' 물질이라는 것은 아직도 납득이 가지 않을 것이다. 이것을 납득하기 위해서는 물을 과학자의 견해로 고찰해야 한다. 독자에게 이러한 견해를 소개하고 물의 물리화학을 몇 가지 역사적인 인간의 관심사와 관련지어 보는 것이 이 책의 한 목적이다.

2

그러나 우리는 또 하나의 목적을 갖고 있다. 우리는 물의 이야기를 통해 과학의 목표, 방법 및 견해에 대한 일반적인 개념을 제시하고자 한다. 다시 말하면 이 책의 주제는 물리적 사실로서의 물과 함께 과학적 개념으로서의 물이다. 두 번째의 국면을 전개함에 있어서 우리의 주제는 과학 자체, 즉 인간 활동, 인간 정신의 표현 및 자연계를 이해하고 다루는 한 방법으로서의 과학이 된다.

이러한 목적 때문에 우리는 가끔 언뜻 보면 물과 관련이 없는 것 같은 이론과 역사의 영역으로 들어갈 것이다. 그러나 이 책을 다 읽은 후에는 그러한 부분이 불필요하지 않았음을 느끼게 될 것이다. 오히려 그때 가서는 다시 한 번 세계가 그 무한

한 다양성에도 불구하고 한 덩어리로 되어 있으며, 따라서 과
학적 사실이나 이론의 어느 부분도 다른 어떤 부분과 완전히
무관하지 않음을 상기하게 될 것이다(이것이 우리가 밝히고자
하는 중점이다). 진리란 사물의 질(質)이 아니라 아이디어의 질
이다. 또한 이 원자 시대의 여명기에 과학이 확실하게 증명한
것이 있다고 하면, 그것은 개개의 특수한 진리는 연속적으로
진화하는 한 보편적 진리의 일면이라는 점이다. 한 특수한 진
리를 이해하기 위해서는 그것을 지나 그 다음 층으로 내려가야
만 한다.

테니슨(Alfred Tennyson, 1809~1892)은 1세기 전에 다음
과 같은 시를 써서 자연현상의 상호 연관성에 대한 극의 느낌
을 표현하였다.

> 균열된 담에 피어 있는 꽃,
> 너를 틈에서 뽑아내어,
> 뿌리랑 모두 내 손에 잡고 있네,
> 조그만 꽃—그러나 네가 무엇인지
> 뿌리랑 모두, 너의 전부를 알 수만 있다면,
> 하느님과 사람이 무엇인지도 알게 되리.

원자핵물리학이 한 걸음씩 발전할 때마다 이 상호 연관성의
증거를 제시하고 있다. 또한 새로운 진리가 발견될 때마다 그
것은 또 다른 알지 못하는 것이 있음을 암시하므로, 테니슨이
말하는 그러한 종류의 완전한 이해에는 도달할 수 없음을 보여
주기도 한다.

언제나 그 너머에 또 무엇이 있는 것이다.

1장
물의 특이성

몇 가지 정의들

최초의 그리스 철학자이자 과학자였던 밀레토스의 탈레스 (Thales, B.C. 640~546)는 지구가 별이 박힌 반구 안의 물 위에 떠 있는 구겨진 원반이며 그 반구는 끝없이 넓고 넓은 수 면 위에 놓여 있다고 생각하였다. 나아가서 그는 물이 우주의 근본 물질로서, 그것으로부터 모든 것이 생성되었고* 마침내는 모든 것이 그것으로 돌아간다고 믿었다("물이 최상이다"라는 말 은 고대 세계에서 매우 유명하게 된 그의 신비적 말이다).

아리스토텔레스(Aristoteles, B.C. 384~322)는 탈레스가 다 음과 같은 생각으로부터 이 결론에 도달한 것으로 가정하였다.

모든 음식물에 수분이 들어 있고 모든 씨들이 수분을 갖고 있으

---

*버트런드 러셀(Bertrand Russell, 1872~1970)은 그의 『서양철학사(A History of Western Philosophy)』(Simon and Schuster, 1945), p. 27에서 다음과 같이 적고 있다.

"…라는 그의 말은 과학적 가설로 간주해야 하지 결코 어리석은 말로 생각해서는 안 된다. 20년 전의 일반적인 견해는 모든 물질이 수소로 구 성되어 있다는 것이었는데 수소는 물의 2/3(원자 수로)에 해당한다."

현재의 계산으로는 우주의 모든 원자들 중 93%가 수소이고, 질량으로 따져서는 우주의 76%를 수소가 차지하고 있다. 헬륨이 총질량의 23%, 총 원자 수의 6% 이상을 차지하고 있다. 나머지 부분, 즉 우주의 총질량의 1% 및 총원자 수의 1% 미만을 철, 산소, 수은 등 다른 모든 원자들이 차 지하고 있다.

며 모든 것의 근원이 되는 것이 언제나 그것의 첫째 원리이다.

이 이론은 물이 어디에나 존재하는 사실을 인식한 데서 나온 것이 분명하다.

그러나 우리는 탈레스 자신의 말로부터 그가 물의 특이한 물리적 성질을 알아차렸음을 알고 있다. 그는 물이 지구 상에 세 가지 다른 상태, 즉 고체, 액체 및 기체 상태로 동시에 풍부하게 존재하는 유일한 물질임을 강조한 것이다. 겨울날에 물은 얼음으로 호수를 덮고, 액체로 호수를 이루고, 눈에 보이는 구름과 보이지 않는 수증기로 하늘에 떠 있다. 물을 끓이면 그것은 눈에 보이지 않는 수증기로 변한다. 이 마지막 관찰들을 보면 탈레스가 그의 조잡한 우주관을 정립함에 있어 물이 널리 퍼져 있는 사실 못지않게 중요한 역할을 했음에 틀림없다. 이런 관찰들이 없이는 그의 말이 암시하는 바와 같이 한 조각의 나무, 한 숨의 공기, 한 방울의 수은이 보통의 감각적 경험에는 완전히 다른 세 가지 물체로 보이고, 동일한 기본 물질로 구성되어 있을 가능성을 생각할 수 없었을 것이다.

물론 지금 우리는 탈레스의 추측이 과학적으로 증명할 수 있는 진리를 상당히 담고 있음을 알고 있다. 우리는 우주가 조그만 원자들로 구성되어 있으며, 이 원자들은 다시 중성자, 양성자, 중성미자 및 전자와 같은 보다 작은 입자들로 구성되어 있음을 알고 있다(후에 원자와 원자론을 고찰할 때 고체의 대부분은 빈 공간임을 보게 될 것이다). 우리는 또한 모든 천연 원소들이 우주의 어느 곳에 물이 가지는 세 가지 상태로 존재하며, 실험실에서 세 상태 중 어느 것이라도 가지게 할 수 있음을 알고 있다. 예컨대 우리는 산소를 기체라고 하는데 그것은 산소가 지구의 대기 중에 이런 상태로 존재하기 때문이다. 그러나 낮은 온도(산소의 끓는점인 -183℃)에서는 이것이 연한 푸른색의 액체가 되며 보다 낮은 온도(-218.4℃)에서는 연한 푸른색의 결정질 고체가 된다. 이와 비슷하게 우리가 철을 고체라고 하는 것은 철이 보통 지구 상에서 그런 상태로 발견되기 때문이다. 그러나 철을 고온(1,535℃)으로 가열하면 액체가 되며 3,000℃에서는 끓는다. 이 온도에서 철은 기체가 되는 것이다.

더 나아가기 전에 우리가 사용하고 있는 용어들을 정의할 필요가 있을 것이다.

'고체', '액체', 및 '기체'란 무엇을 뜻하는가? 언뜻 보면 이 질문에 대한 답은 너무나 쉬운 것 같다. 우리는 어릴 때부터 눈과 촉감을 통해 이들의 의미를 알고 있다. 그러나 과학이 요구하는 정확성을 갖는 해답을 하려면 지금까지 생각하지 못한 미묘함과 난관에 봉착할 것이다. 우선 이 용어들이 물질 자체가 아니라 물질의 형태를 나타내는 것임을 분명히 알아야 한다. 고체이든, 액체이든 혹은 기체이든, 철은 철이고 물은 물이며 산소는 산소인 것이다. 바꿔 말하면 이 용어들은 일반화된 범주들이며 각각은 필수적인 모든 것을 포함하고 필수적이지 않은 모든 것을 배제하도록 정의되어야 한다.

그러면 **고체**는 단단한 특성을 갖는다. 즉 그것은 일정한 모양을 갖는다. 다시 말해 힘으로 변형시키면 원래의 모양과 크기로 돌아가려는 경향을 나타낸다. **액체**는 단단하지 않은 점에서 고체와 다르다. 바꿔 말하면 액체는 압력에 의해 일그러졌을 때 압력을 제거해도 원래의 모양으로 돌아가려는 경향을 나타

18

내지 않는다. 사실상 액체는 일정한 부피를 갖지만 일정한 모양은 갖지 않는다. 액체는 아무 그릇이나 그것을 담고 있는 그릇의 모양을 갖는 것이다. 액체가 단단하지 않기 때문에 일어나는 한 가지 현상은 힘이 불균형하게 작용할 때 흐름이 일어나는 것이다. 그러나 어떤 액체는 너무 점성이 커서 고체와 구별하기가 곤란하다. 이런 까닭으로 우리는 진짜 고체는 결정구조를 가지며 액체는 결정 구조를 가지지 않는다고 한다. 이수정된 정의에 의하면 유리는 진짜 고체가 아니고 매우 점성이 큰 액체이다. 유리는 결정성이 없기 때문에 절대적으로 단단하지는 않다. 유리 막대에 너무 무겁지 않은 추를 달아 놓으면 막대가 천천히 구부러져서 추를 제거해도 원래의 모양으로 되돌아가지 않음을 관찰할 수 있다. 반면에 얼음은 결정 구조를 갖고 있고 정말로 단단하므로 이 정의에 의해 진짜 고체이다. **기체**는 단단한 성질도 일정한 부피도 갖지 않으므로 고체와 액체와는 구별된다. 기체의 주어진 양은 무게나 원자와 분자의 수에 상관없이 언제나 그것을 담고 있는 그릇의 모양과 부피를 갖게 된다.

물질의 세 상태는 온도의 함수여서 물질의 온도가 올라가거나 내려감에 따라 서로 변환한다. 고체 상태에 있는 모든 원소는 얼어 있다. 온도가 어떤 점까지 상승하면 그 원소는 용융하여 액체가 된다. 다시 그 액체의 온도를 어떤 점까지 올리면 액체가 끓기 시작하여 그 온도 이상에서는 기체 상태로 존재한다. 한 상(相)으로부터 다른 상으로의 전이는 순간적으로 일어나지 않는다(물리학자들은 상태를 상이라고 부르기도 한다). 어느 시간 동안 두 상들이 공존하며 어는점 혹은 녹는점에서는 고체와 액체가, 끓는점 혹은 엉김점에서는 기체와 액체가 공존한다. 이 동안에는 계속 열을 가해도 물질의 온도가 변하지 않는다. 또한 전이가 일어나는 온도는 대기압에 의해서도 영향을 받는다. 이 압력이 높을수록 상변화에 필요한 열량이 증가한다. 압력은 어는점보다 끓는점에 훨씬 더 큰 효과를 나타낸다. 해면 높이의 물은 대기압* 아래에서 100℃에서 끓으며 대기압이 낮아짐에 따라 점점 더 낮은 온도에서 끓는다. 매우 높은 산꼭대기에서는 압력이 매우 낮아 물의 끓는점이 낮고 따라서 요리하는 데 물을 쓸 수 없다.

열도 과학에서는 우리가 일상생활에서 사용할 때보다 훨씬 더 정확한 정의를 필요로 하는 또 하나의 용어이다. 물론 우리는 촉각을 통해 열과 열의 정도를 느낄 수 있다. 댐피어-웨덤 (W. C. Dampier-Whetham)은 그의 작은 책 『물질과 변화 (Matter and Change)』**에서 다음과 같이 기술했다.

그러므로 우리는 어떤 물건이 뜨겁다 혹은 차다고 할 때 그 의미를 알고 있으며 물체들을 그들의 뜨거운 순서대로 배열하여 조잡한 온도의 자를 만들 수 있다. 그러나 우리는 곧 이 자가 모순이 있음을 알게 된다. 만약 우리가 한 손을 더운물에 다른 손을 찬물에 넣었다가 두 손을 모두 약간 따뜻한 물에 넣으면, 이 같은 물이 찬물에 넣었던 손에는 따뜻하게 느껴지고, 더운물에 넣었던 손에는 차게 느껴짐을 발견하게 된다.

---

*이것은 0℃에서 압력계의 수은주를 76㎝의 높이까지 유지하는 데 충분한 압력이며 보통 1기압이라고 부른다.
**이 책의 부제는 'An Introduction to Physical and Chemical Science'(Cambridge University Press, 1924)이다.

저자는 계속해서 모순이 있는 자는 쓸모가 없으며 열의 과학은 1597년 조금 전에 이탈리아 르네상스의 위대한 과학자 갈릴레이(Galileo Galilei, 1564~1642)가 최초의 조잡한 온도계*(보다 정확히는 온도경)를 만든 이후에 비로소 시작될 수 있었다고 이야기한다. 그 후에야 과학자들은 온도를 주관적인 신체의 감각으로서가 아니라 객관적으로 측정될 수 있는 현상으로 다루기 시작할 수 있었던 것이다.

그러나 이것은 시작에 불과했다. 열과 온도는 같은 것이 아닌데도 갈릴레이가 온도계를 발명한 후 1세기 반 동안 온도가 같은 물체들은 같은 양의 열을 담고 있는 것으로 가정하여 이 두 개념들이 서로 혼동되었다. 처음으로 이 둘을 분명히 구별한 사람은 18세기 중엽 스코틀랜드의 뛰어난 화학자 겸 물리학자였던 블랙(Joseph Black, 1728~1799)이었다. 그는 열을 '무게가 없는 유체'라고 하여 마치 물질의 한 형태처럼 취급하였는데, 곧 '열소(熱素, Caloric)'라는 이름이 붙게 되었다. 어떤 물체는 다른 물체보다 이 열소를 더 많이 담을 수 있는 것으로 생각하였으며, 이것을 토대로 하여 그와 그의 추종자들은 상이한 물질들에 같은 열을 가했을 때 물질들의 온도 변화가

---

*갈릴레오의 온도계는 지름이 약 6㎝인 유리구에 긴 가지가 달린 것이었다. 이 가지의 끝은 물에 담가 두었다. 그 다음 유리구를 가열하여, 그 안의 공기가 팽창하여 일부가 방울로서 물을 통해 나가게 하였다. 그러고는 유리구를 식혀서 그 안의 공기가 수축하게 하여 가지 속에 부분적인 진공을 만들었다. 그랬더니 주위의 물 표면에 미치는 대기압에 의해 물이 가지로 밀려 올라가고, 그 후에는 이 물기둥(水柱)이 유리구의 온도에 따라 올라가거나 내려갔다. 가지에 눈금을 매김으로써 관측자는 매우 조잡한 것이긴 했지만 온도를 읽을 수 있었는데, 이것은 대기압(하루 중에 약 5%가 변함)과 눈금을 매길 때의 온도에 따라 조금씩 달랐다.

동일하지 않은 사실을 설명할 수 있었다. 19세기 초까지는 이 열소 이론이 유지되었으며, 19세기 후반에 와서야 열의 본질을 현대적인 방식으로 이해하게 되었다. 우리는 지금 **열**이 **에너지**의 한 형태이며 에너지를 물질에 가하면 그 물질을 구성하는 분자들의 운동이 증가함을 알고 있다. 한 물체 혹은 계(系)의 **온도**는 폴링(Linus Pauling, 1901, 1901~1994)의 말을 빌리면 다음과 같다.*

그 계의 모든 원자들과 분자들의 운동의 활기에 대한 척도이다.

고체에서는 이 분자들이 상호 간에 고정된 관계를 갖고 있다. 온도가 올라감에 따라 그 물체의 분자들은 점점 더 에너지가 커져서 진동을 하며 그들을 한데 묶어 두고 있는 인력에 점점 강하게 반발하게 된다. 고체 내의 분자들의 고정된 배열이 파괴되면 다소 질서가 깨어진 액체가 되고 마침내는 분자들이 제멋대로 날아다니는 기체가 된다. 그러므로 한 물질의 어는점과 끓는점은 그것의 분자 구조와 관련되어 있다. 구조가 비슷한 물질들은 비슷한 온도에서 얼거나 끓으며 분자량이 큰 물질은 보다 높은 온도에서 상변화를 일으킨다(여기에서 그 이유는 설명하지 않겠다). 다시 말하면 어떤 물질의 구조와 분자량을 알면, 비슷한 물질들과 관련지어 그 물질의 어는점과 끓는점을 매우 정확히 추측할 수 있다.

---

*그의 『일반 화학(General Chemistry)』(Freeman, 1947), p. 37. 어떤 물체는 하나의 '계'인데, 물리학자들의 정의에 의하면 계는 '물리적 세계의 한 한정된 부분'이다.

물의 두드러진 열적 성질

물의 각 분자는 두 개의 수소 원자들과 한 개의 산소 원자로 되어 있으며 화학식은 H_2O이다. 그러므로 물의 분자 구조는 화학식이 H_2Te(Te는 텔루륨), H_2Se(Se는 셀레늄) 및 H_2S(S는 황)인 물질들의 분자 구조들과 비슷하다. 네 물질들 중 가장 무거운 H_2Te가 가장 높은 끓는점과 어는점을 가질 것이고, 넷 중 가장 가벼운 H_2O가 가장 낮은 끓는점과 어는점을 가질 것이다. 실제로 분자량이 129인 H_2Te는 -4℃에서 끓고 -51℃에서 얼며, 분자량이 80인 H_2Se는 -42℃에서 끓고 -64℃에서 얼고, 분자량이 34인 H_2S는 -61℃에서 끓고 -82℃에서 언다. 그러나 분자량 18인 H_2O에 이르면 놀라운 일이 일어난다. 위와 같은 경향이 계속되면(그림 1-1) 물은 약 -100℃에서 얼고 약 -80℃에서 끓어야 할 것인데, 그 대신 어는점과 끓는점이 각각 0℃와 100℃인 것이다.

물론 물의 이러한 특이성은 자연 질서에 어긋나는 것이 아니다. 이것은 설명할 수 있으며 후에 설명하도록 노력하겠다. 그러나 이것은 2500년 전에 탈레스가 강조한 물의 특이성, 즉 지구 상에서 자연적으로 발견되는 온도와 압력의 범위 내에서 물이 고체, 액체 및 기체의 세 상으로 존재하는 사실은 현대 물리화학자의 눈을 통해 봐도 점점 더 두드러지게 보임을 나타낸다.

물의 열적 성질 중 두드러진 것은 이것만이 아니다.

예를 들어 얼음이 물에 뜨는 사실을 생각해 보자. 이것을 다른 거의 모든 물질들의 행동과 비교해 보면*, 참으로 놀라운

---

*비스무트(bismuth)는 이 점에서 물과 같이 행동한다. 그러나 이러한 성

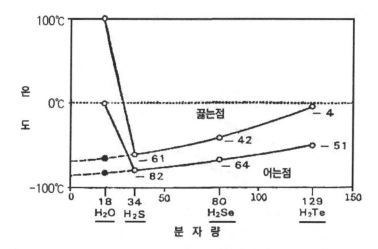

〈그림 1-1〉 물의 특이성은 이 그림에 가장 잘 나타나 있다. 위의 곡선은 물과 이와 비슷한 분자 구조를 가진 세 수소화합물들의 끓는점을 연결한 것이고 아래 곡선은 이들의 어는점을 연결한 것이다. 오른쪽에서 왼쪽으로 곡선들을 따라가면 텔루륨, 셀레늄 및 황화합물들에 대한 곡선이 미끈한 것을 보아 곡선들이 점선들을 따라 물 H_2O에 이르기를 기대할 수 있다. 그러나 물의 어는점은 예상되는 -95℃ 근방에서 0℃로, 끓는점은 예상되는 -80℃ 근방에서 100℃로 뛰어오른다

일임을 알 수 있다. 일반적인 법칙은 어떤 물질이 고체, 액체, 기체 중 어느 것이든 냉각되면 부피가 줄어드는 것이다. 물도 넓은 온도 범위에서는 예외가 아니다. 물의 온도를 100℃에서 4℃까지 낮추면 부피가 차차 줄어든다. 그러나 여기에서 갑자기 반대 현상이 일어나 온도가 4℃에서 어는점까지 내려가는 동안은 부피가 점점 커진다. 다시 말하면 밀도가 감소하여 단위부피의 물이 4℃에서보다 3℃에서 더 가볍고, 2℃에서는 또

질을 갖는 물질은 극소수이다.

24

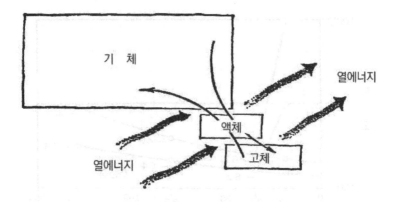

〈그림 1-2〉 이 그림에는 물이 열에너지를 흡수할 때와 방출할 때의 밀도 변화를 나타내었다. 얼음의 단위부피가 '고체'라고 표시한 공간을 점유하면 이것이 충분한 열에너지를 받아 물로 변할 때 '액체'라고 표시한 공간으로 축소될 것이다. 더 많은 에너지를 받아 증발하면 '기체'라고 표시한 공간으로 팽창한다. 열에너지를 잃으면 화살표들로 표시한 것과 같이 이 과정이 거꾸로 일어난다

더 가벼운 식으로 0℃까지 계속 가벼워지는 것이다. 이 온도에서 부피의 증가(혹은 밀도의 감소)는 급격하게, 그리고 심하게 일어난다(그림 1-2). 물이 얼음으로 변할 때 액체 부피의 약 1/11이 증가한다.

이 팽창 때문에 추운 겨울에 수도관이 터져 경제적으로 큰 손해를 볼 수 있다. 그러나 전체적으로 이 물의 특이성은 사람과 다른 모든 생물에게 지극히 다행한 현상이다. 왜냐하면 무엇보다도 이것 때문에 다량의 물이 생물이 이용할 수 없는 얼음의 형태로 사장(死藏)되지 않기 때문이다. 만약 얼음이 물보다 무거운 경우에 일어날 일을 생각해 보자. 호수, 강, 바다는 온도가 0℃ 이하로 떨어지면 바닥부터 얼어서 올라올 것이다.

이들은 단단한 얼음덩어리가 되고 그것의 큰 부분은 여름에 온대 지방에서도 녹지 않고 남아 있을 것이다. 사실상 현재 우리가 알고 있는 기후의 전 양상이 교란될 것이다. 물의 증발이 훨씬 적어질 것이고, 따라서 비나 눈으로서의 강수량이 훨씬 줄어들 것이다. 지구 표면 전체에 걸쳐 추운 날씨가 훨씬 많아질 것이다. 물과 증기가 기후와 날씨에 미치는 모든 완화 효과가 크게 감소할 것이다.

이 효과는 매우 큰 것이다. 이것은 2차 세계대전 중에 북아프리카의 사막 지대에서 근무한 미국 군인들의 경험에도 잘 나타나 있다. 미국인들, 특히 집이 바다 근처에 있던 사람들은 그들이 일찍이 경험하지 못한 하루 동안의 기온 변화에 당황하기도 하고 놀라기도 하였다. 정오에는 구름 한 점 없는 하늘에서 폭염이 쏟아져 내리고 이 열이 달걀을 프라이할 정도로 뜨거운 모래에 의해 반사되어 더 한층 뜨거웠다. 그러나 한밤중에는 뼈에 스며드는 추위로 벌벌 떨어야 했다. 그때쯤에는 모래에서 열이 다 빠져나가고 차가운 대기가 무자비하게 엄습해 오는 것이었다. 이러한 변화가 일어나는 까닭은 땅에 마실 물이 없는 것과 마찬가지로 사막의 대기 중에 수증기가 없기 때문이었다. 물이 호수나 강 혹은 식물 속에 들어 있다면 대기 중에 수증기를 공급할 뿐만 아니라 대낮의 열을 흡수했다가 밤의 찬 공기로 방출하여 그 근방의 기온을 완화할 것이다.

그 이유는 물이 매우 큰 **열용량**을 갖기 때문이다. 즉 물은 많은 양의 열을 흡수해도 그렇게 많이 뜨거워지지 않는다(이것도 또 하나의 물의 특이성이다). 빈 냄비를 뜨거운 불에 올려놓으면 그것은 곧 빨갛게 달아오를 것이다. 그러나 그 냄비에 물을

	기준 녹는점		용융열		기준 끓는점		증발열		비열	
	°C	°F	Cal/g	BTU/lb	°C	°F	Cal/g	BTU/lb	Cal/g °C or BTU/lb °F	
아세톤	-95	-139	23.4	42.2	56.5	133.7	124.5	224.1	0.506	0°C 에서
에틸 알코올	-117.3	-179.2	24.9	44.8	78.5	173.3	204	367.2	0.535	0°C 에서
벤젠	5.51	41.9	30.3	54.5	80.09	176.01	94.3	169.74	0.389	5°C 에서
사염화 탄소	-22.8	-9.04	4.16	7.48	76.8	170.3	46.4	83.52	0.198	0°C 에서
수은	-38.87	-37.96	2.82	5.07	356.58	673.88	70.6	127.08	0.03346	0°C 에서
황산	-10.49	-5.09	24.0	43.2	330	626	122.1	219.78	0.270	0°C 에서
테레빈유	—	—	—	—	159	318.2	68.6	123.48	0.411	0°C 에서
물	0	32	79.71	143.4	100	212	539.55	971.19	1.007	0°C 에서

〈그림 1-3〉 물의 물리적 성질들을 이 표에서와 같이 다른 물질들의 성질과 비교해 보면 물이 유별나다는 사실을 알 수 있다. 큰 용융열, 증발열 및 비열에 주목하라

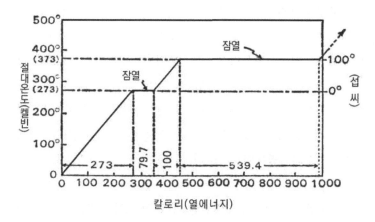

〈그림 1-4〉 이 그림에는 물의 잠열을 도시하였다. 녹는점에서 1g의 물은 온
도가 상승하지 않으면서 79.7칼로리를 흡수한다. 끓는점에서 1g의
물은 온도가 상승하지 않으면서 539.4칼로리를 흡수한다

채우고 같은 불 위에 같은 시간 놓아 두면 물의 온도가 고작
몇 도밖에 올라가지 않을 것이다("지켜보고 있는 냄비는 결코
끓지 않는다"라는 속담은 차나 커피 혹은 증기욕 물이 급히 끓
기를 원하는 사람들이 물의 높은 열용량 때문에 오래 참고 기
다려야 하는 사실을 지적하고 있다). 북아프리카에 주둔했던 군
인들에게 그렇게 심한 영향을 미친 것은 물이 모래땅보다 다섯
배나 더 큰 열용량을 가졌기 때문이다. 같은 양의 태양에너지
가 같은 부피의 물과 모래땅에 떨어지면 후자의 온도는 전자의
온도보다 다섯 배나 더 올라갈 것이다. 사실상 물의 열용량은
다른 모든 물질들의 열용량을 측정하는 기준이다. 열량 측정에
서 가장 널리 쓰이고 있는 단위는 **칼로리**(Calorie)인데 이것은
1g의 물을 14.5℃에서 15.5℃까지 올리는 데 필요한 열량이다.
많이 쓰는 또 하나의 단위는 **B. T. U.**(British Thermal Unit)

인데, 이것은 1파운드의 물의 온도를 63°F까지 올리는 데 필요
한 열로 정의한다. 한 물질의 1g이나 1파운드, 혹은 어느 다른
단위무게에 대한 열용량을 그 물질의 **비열**이라 부른다(그림
1-3). 이것은 보통 g당 1℃당 칼로리의 단위 혹은 파운드당
1°F당 B. T. U.의 단위로 나타내므로 물의 비열은 어느 경우
에나 1이다. 모래의 열용량은 물의 열용량의 1/5이므로 비열은
0.2이고, 철의 열용량은 물의 열용량의 1/10이므로 비열은
0.1이다.

물의 유별난 열용량과 밀접한 관련이 있는 것은 마찬가지로
유별난 **용융열**과 **증발열**이다(그림 1-4). 우리는 위에서 고체 물
질의 온도를 녹는점까지 올리거나 액체 물질이 끓는점에 있을
때 두 상들(고체와 액체, 혹은 액체와 기체)이 공존하는 전이
단계가 있다고 하였다. 이 기간은 고체가 완전히 용해되거나
액체가 완전히 기화할 때까지 계속되는데 이 기간 동안은 열이
흡수되지만 물질의 온도는 변하지 않는다. 이 열을 **잠열**이라고
하며, 그 양은 물질에 따라 다르다. 물의 잠열은 유난히 높으며
이 사실이 지구의 표면 온도에 매우 중요한 영향을 미친다.

우리가 '잠열'이란 단어를 쓴 것은 물이 흡수한 열이 파괴되
지 않음을 암시하고 있다. 과학의 한 기본적인 법칙으로서 **에너**
지보존법칙이 있는데 이것을 가장 일반적인 형태로 진술하면 다
음과 같다. 에너지는 손실 없이 한 형태에서 다른 형태로, 예컨
대 열에서 기계적 일로 변환될 수 있으며 닫힌 계 안에서는 에
너지의 총량이 일정하게 남아 있다. 물론 이 법칙은 우리가 지
금 다루고 있는 경우에도 적용된다. 물이 두드러진 열용량을
가졌다고 말할 때 우리가 뜻하는 것은 물이 다른 어느 흔한 물

질보다도 원자와 분자의 운동이 적으면서 더 많은 열에너지를 저장할 수 있음을 뜻한다. 에너지는 아직도 물에 들어 있으며 주위의 온도가 내려가면 그것은 열로서 방출된다. 그리하여 온도의 강하가 완화되는 것이다.

예를 들어 설명해 보자. 독자 중 대부분은 매우 추운 밤에 온실 내에 물을 한 통 넣어 두면 그 물의 일부는 얼지만 온실 안쪽을 바깥쪽 공기보다 따뜻하게 하는 효과가 있음을 알 것이다. 그 이유는 물이 어는 과정에서 녹을 때 흡수한 것과 같은 양의 열을 방출하기 때문이다. 또한 우리는 기온이 30℃이고 습한 날과 기온이 그보다 몇 도 높고 맑은 날을 비교하면 습한 날에 훨씬 더 불쾌감을 느낀다. 그 이유는 두 가지이다. 우선 땀이 증발할 때 피부와 피부 근방의 공기에서 열을 흡수하여 우리를 시원하게 해 주지만, 습한 날에는 대기가 수증기로 포화되어 있어서 땀이 증발하지 않기 때문이다. 둘째로 수증기가 물로 응결할 때, 액체가 기화할 때 흡수한 것과 같은 양의 열을 방출하기 때문이다. 그런데 얼 때와 응결할 때 물이 방출하는 열량은 다른 어떤 흔한 물질이 내놓는 열량보다 많다(〈그림 1-3〉, 〈그림 1-4〉 참조).

물의 비정상적으로 높은 잠열을 이용하는 방법이 많은데 그 중에서 가장 흔한 것은 냉동의 목적으로 얼음을 사용하는 것(절연된 상자 속에서 얼음이 녹을 때 우리가 냉동하기를 원하는 물질로부터 열을 빼앗아 간다)과 공기냉각장치에 물을 쓰는 것(젖은 표면을 지나가는 뜨겁고 건조한 공기는 물을 수증기로 변화시키는 데 많은 열에너지를 소모하게 된다)이다. 고대 사람들도 현대적인 공기냉각기의 원리를 이용하였다. 그들은 음료수를 다공질 용기에 저장하여 냉각시켰던 것이다. 여름 하늘에 갑자기 구름이 뭉게뭉게 피어오르는 현상도 물의 잠열 때문에 일어난다. 독자는 이 현상에 대한 과학적 설명은 알지 못했을 수 있지만, 이 장관을 보고서는 눈에 보이지 않는 수증기가 보이는 물방울들로 응결할 때 대기 상층에 막대한 열에너지가 난폭하게 방출되는 사실에 큰 감명을 받았을 것이다.

물의 다른 유별난 성질들

그러나 물의 특이성이 그것의 열적 성질에만 국한된 것은 아니다. 생명 과정에 대해서는 이에 못지않게 중요한 사실이 있는데 그것은 모든 천연물질 중 물이 보편적인 **화학용매**에 가장 가깝다는 것이다. 거의 모든 물질이 물에 녹을 수 있다.

여기에서도 용어들을 정의해야 한다. 우리는 물의 세 가지 형태, 즉 고체, 액체 및 기체를 물의 상들이라고 부름으로써 상이 균일하고 물리적 경계 면에서 다른 부분으로부터 분리된 계의 한 부분을 의미함을 나타내었다. 용액이란 두 가지 이상의 물질들을 함유한 상을 말하는데 이 중 다른 것을 녹이고 있는 한 물질을 **용매**라고 부른다. 용매에 골고루 분산되어 있는, 즉 녹아있는 물질을 **용질**이라고 한다. 기름과 물의 혼합물은 균일하지 않기 때문에 용액이 아니다. 이것은 두 개의 상들로 구성되어 있는데 하나는 기름방울들이고 다른 하나는 물이며, 기름방울들이 물에 서스펜션(suspension)을 이루고 있다. 반면 식염(염화소듐, NaCl)과 물의 혼합물은 균일하기 때문에 용액이다. 소금 결정은 대부분 이온이라고 부르는 하전된 작은 입자들로 분리되며 이들은 물속에 골고루 분포되어 화학적으로 다른 두 물질들이 한 개의 상을 형성한다.

다시 강조하는 바이지만 물은 화학용매로서의 능력에서 독특한 물질이다. 알려진 원소들 중 약 반이, 그중 다수는 풍부하게, 어떤 것은 미량으로 천연수에 녹아 있는 상태로 발견되었다. 자연의 모든 호수와 강은 용액이며 세계의 해양들은 실제로 이온, 금속 및 비금속, 유기화합물 및 무기화합물을 수천 종이나 녹이고 있는 상당히 농축된 수용액이다. 더구나 물은 그것이 녹이는 대부분의 물질들에 의해 그 자신은 화학적으로 변하지 않는 점에서 **비활성**용매이다. 코커(Robert E. Coker)는 다음과 같이 기술했다.*

이것은 생물학적으로 중요하다. 왜냐하면 생물이 필요로 하는 물질들이 비교적 변화되지 않은 형태로 전달될 수 있으며 물 자체는 용매로서 반복해서 사용될 수 있기 때문이다.

사실상 해양이 모든 생명의 **위대한 어머니**(Magna Mater)가 되게 한 것은 거의 보편적이고, 비활성인 용매로서의 물의 독특한 성질 때문이다. 첫 생세포가 탄생한 곳은 바다의 소금물이었으며, 수백만 년의 진화 과정을 거쳐 필요한 소금 용액이 신체 내부로 들어가게 된 후에야 비로소 생명은 바다에서 나와 육지에 오르고 하늘을 날게 되었다. 이전에는 바다가 하던 기능을 그때부터는 조직의 체액, 혈장, 세포 내에 들어 있는 유액이 맡게 되었다.

물이 가진 또 하나의 특이성은 수은을 제외하고는 흔한 모든 액체 중에서 물이 가장 높은 **표면장력**을 가졌다는 점이다(사진

*그의 저서 『시내, 호수, 연못(Streams, Lakes, Ponds)』(University of North Carolina Press, 1954), p. 7.

32

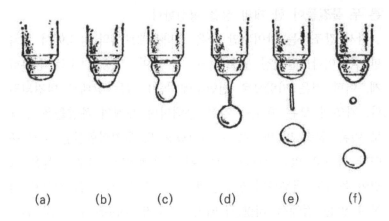

(a)   (b)   (c)   (d)   (e)   (f)

〈그림 1-5〉 수도꼭지에서 떨어지는 물은 일련의 구(球)들을 형성한다. 여기에
단계적으로 나타낸 이 현상은 물의 유별나게 큰 표면장력 때문에 일
어난다

1-1). 표면장력이란 무엇인가? 독자는 수도꼭지에서 물방울이
천천히 떨어지는 것을 볼 때마다 표면장력의 작용을 목격하고
있다. 물의 막이 꼭지에서 마치 액체의 무게 때문에 늘어나고
있는 얇은 고무 막인 양 부풀어 오른다. 이 막은 그 윗부분이
꼭지의 가장자리에 붙은 채 점점 늘어나다가 갑자기 무게가 너
무 커지게 된다. 그러나 과중한 무게를 받는 고무 막과는 달리
이 막은 파괴되지 않는다. 그 대신 꼭지 가장자리에서 떨어지
면서 물의 양이 적은 부분에서 잘라져 자유낙하(自由落下)하는
방울을 형성하는데, 독자가 관찰하고 궁금하게 여겼을지 모르
지만, 이것은 언제나 거의 구형이다(그림 1-5). 외부 압력이 없
으면 이것은 완전한 구형일 것이다. 여기에서 독자는 물의 강
한 응집성, 즉 한데 뭉치려는 경향의 일례를 목격하는 것이다.
구형은 주어진 부피에 대해 넓이가 최소인 모양이므로 꼭지에

〈사진 1-1〉물에 떠 있는 강철은 물의 표면장력이 큰 것을 보여
준다. 이 사진에서 구멍이 있는 강철 조각은 두께가
0.8mm이고 무게는 2.5g이다. 구멍을 통해 올라와 있
는 물의 반구(半球)들도 표면장력 때문에 생긴 것이다

서 떨어지는 물은 구형이 됨으로써 가장 밀집한 형태로 뭉칠
수 있는 것이다.

　물의 표면을 찢으려면 물리적 힘이 필요하다는 점에서 응집
에 의해 표면에 장력이 생겼다고 한다. 표면은 파괴되지 않은
채 바늘, 면도날 혹은 물 위를 달리는 곤충들과 같이 물보다
훨씬 무거운 물체들을 지탱할 수 있다. 물기둥을 잡아당겨 떼
어 놓는 데 필요한 힘은 믿기 힘들 정도로 크다[이러한 힘에
대한 물질의 저항력을 장력(張力)이라고 부른다]. 과학자들은
표면장력의 정확한 측정값을 토대로 하여 완전히 순수하고 구
조적 결함이 없는 지름 2.54cm의 물기둥을 파괴하는 데 약
95,000kg의 힘이 필요할 것으로 계산하였다. 세상에는 어디에
도 완전한 물이 없으므로 이것은 이론적인 수치이다. 실제 물
은 모두 흠을 가지고 있고 그 안에는 그것을 약화시키는 방울

을 내는 기체들이 녹아 있다. 그럼에도 실험실에서 제곱인치당 1,000파운드까지를 얻었는데, 이것은 어떤 강철의 장력에 가까운 값이다.

물은 응집할 뿐만 아니라 접촉하는 고체 물질에 부착한다. 위에 든 예에서는 물이 수도꼭지의 가장자리에 부착하였다. 그러나 물이 부착하는 정도는 물질에 따라 크게 다르다. 예컨대 파라핀(Paraffin)에는 물이 부착하지 않는데 이것을 물이 파라핀 표면을 '적시지' 않는다고 표현한다(후에 우리는 '적심'을 물리화학적으로 논의한다). 물은 유리, 면직물, 보통 바위와 진흙, 흙을 구성하는 거의 모든 유기물 및 무기물 입자 등에는 강하게 부착한다.

물과 같이 응집성이 강한 액체가 그것이 강하게 부착하는 고체 표면과 접촉할 때, 표면장력은 일종의 막의 역할을 하여 액체를 지탱하고 부착력이 이 막을 들어 올린다. 그리하여 수면 중 용기의 유리 벽과 직접 접촉하고 있는 부분은 나머지 표면보다 현저하게 높은 것을 독자는 보았을 것이다. 물의 가장자리는 분명히 유리벽 위로 끌려 올라가 있다. 그리고 용기의 단면적이 작으면 작을수록 위로 끌리는 효과는 더욱 뚜렷이 보이게 된다. 시험관 내에서는 물의 표면이 눈에 띄게 오목하게 보이며* 구멍이 매우 작은 유리관에서는 표면장력과 부착력이 합쳐져 안에 들어 있는 물기둥을 상당한 높이까지 끌어 올릴

---

*물보다 더 큰 표면장력을 가진 수은은 유리를 적시지 않는다. 그 대신 수은은 물이 파라핀 표면으로부터 움츠리는 것과 마찬가지로 유리벽으로부터 움츠린다. 그리하여 이 두 물질들이 접촉하는 면에서 올라가지 않고 내려간다. 그러므로 가는 관 안에서는 위쪽 공기에 볼록한 면을 노출하고 구멍이 매우 작은 유리관 안에서는 아래로 끌려 내려간다.

수 있다.* 이 현상은 생물학적으로도 매우 중요한데 '모세관현상'이라고 부른다. 이것은 토양 속에서의 물의 순환, 식물의 뿌리와 줄기를 통한 중요한 용액들의 순환(이것의 가장 주요한 원인은 삼투압이라 부르는 과정에 의한 것이지만) 및 인체를 통한 혈액의 순환과 큰 관련이 있다.

---

*C. V. Boys, 『비눗방울(Soap Bubbles)』(Science Study Series, Doubleday, 1959), pp. 32-33.

2장
물의 발견

과학적 발견의 본질

독자가 만일 이 책의 서언 중에서 '유별난'이란 표현을 쓴 것에 대해 의아함을 품었다면 이 장의 제목 중에 '발견'이란 단어를 쓴 것에 대해서도 의아함을 가질 것이다. 지구 상에 첫 생물이 출현하기 전 수억 년 동안 물은 현재와 마찬가지로 지구 표면에 풍부하게 존재하였다. 최초의 인간들은 그것을 사용하였으며, 아마 그것을 안다고 생각했을 것이다. 그렇다면 이 물질이 마치 라듐과 같은 희귀하고 숨겨진 원소인 것처럼 물의 '발견'이라고 할 수 있을까?

우리는 '유별난'이란 단어를 사용했을 때와 마찬가지로 이 단어를 특수한 방식으로 사용하고 있다. 사실상 우리는 탐구적인 방법으로서의 과학의 본질과 이 방법이 개발하는 지식의 본질을 나타내기 위해 고의적으로 이 단어를 쓰고 있다.

과학은 발견의 항해로서 매우 정확하게 기술할 수 있다. 처음에 과학자는 그가 알고 있는 사물과 현상 가운데서 낯익은 해안에 서 있다. 그러나 그는 이 사물과 현상을 당연한 것으로 받아들이지 않는다. 그는 자연적인 사물의 직접적인 외양, 즉 그것이 감각에 미치는 첫인상을 그것의 완전하고 궁극적인 실제로 가정하기를 거부한다. 그는 그것에 대해 질문을 던지기 시작하며 그리하여 모르는 곳으로 질문의 항해를 시작하는 것이다. 나아가서 그는 엄격하게 객관적인 방식으로 질문을 던진

다. 또한 이 질문들은 과학자 개인의 성격과 기질에서 나온 것
이 아니고 그의 개인적 욕망, 종교적 신념, 도덕적 판단, 개인
적 의구심 등으로부터 완전히 독립적이기 때문에 해답 또한 객
관적이기를 요구한다. 다시 말하면 과학적 항해는 독특한 것에
대한 추구가 아니고 보편적인 것에 대한 추구인 것이다. 완전
히 자기 개인의 것인 모든 경험적 요소들—전체적으로 혹은 부
분적으로 자기의 느낌으로부터 나오는 모든 것, 자기의 독특한
시간적 및 공간적 위치에만 의존하는 모든 것—을 제거함으로
써 과학자가 그의 질문에 대해서 얻는 해답은 다른 사람도 같
은 조건 아래에서 정확히 재현할 수 있는 것이 된다.

우리는 퀴리 부부(Pierre and Marie Curie, 1859~1906,
1867~1934)가 라듐을 발견한 것이 과학사의 한 유명한 서사
시임을 지적하였다. 이 항해의 직접적인 목표는 우라늄과 피치
블렌드(Pitchblende)라는 광물로부터 방출되어 사진건판을 흐
리게 하고 기체에 통과시키면 전기전도성이 생기게 하는 신비
한 방사선의 원천을 찾는 것이었다. 그러나 퀴리 부부가 라듐
과 그때까지 알려지지 않은 다른 두 방사성 원소들인 폴로늄
(Polonium)과 악티늄(Actinium)을 발견한 것이 항해의 끝은
아니었다. 그 원소들 자체보다 훨씬 중요한 것은 이 원소들이
나타낸 방사능현상이었다. 이 현상에 대한 이론들의 정립과 이
이론들에 대한 엄밀한 검사가 질량과 에너지의 동등성에 대한
아인슈타인(Albert Einstein, 1879~1955)의 중대한 개념과 연
결되어 원자 시대의 막을 열게 된 것이다. 다시 말하면 퀴리
부부가 참가했던 항해의 목표는 특수한 사항이 아니라 한 일반
적인 법칙이었다.

이것이야말로 모든 과학적 추구의 궁극적인 목표이다. 웹스터(Webster)사전은 과학을 다음과 같이 간단하고 명확하게 정의하고 있다.

과학은 일반적 진리의 발견 혹은 일반적 법칙의 조작을 토대로 체계화되고 정립되어 축적된 지식이다.

이 정의를 보완할 수 있다면 과학의 목표가 물리적 사실들의 개략(槪略)으로서의 축적된 지식이 아니라, 이러한 사실들을 알려 주고 상호 간에 체계적인 관련을 맺어 주는 일반적 진리와 법칙임을 강조하는 정도일 것이다. 또한 여기에 첨가해야 할 것은 이 책의 서언에서 강조한 것처럼 목표가 결코 최종적으로 달성되지는 않는다는 점이다. 과학의 일반적 진리들은 결코 절대적이지 않다. 이들은 언제나 잠정적인 것이며, 새로운 실험적인 관찰이 이루어지고 새 개념이 발전되면 수정을 받아야 한다. 또한 이 수정은 언제나 보다 단순하고 보다 일반적인 방향으로 진행됨으로써, 지금까지는 개념적으로 관련이 없던 현상들이 연속적으로 전개되는 한 통일적인 대진리(Truth)의 일면들임이 드러난다.

물의 발견도 이와 같이 진행되었다.

불과 물

서양의 과학과 철학이 고대 그리스에서 탈레스와 더불어 탄생한 지 약 2000년 동안 물은 우주의 기본적 원소로 생각되었다. 앞에서 본 바와 같이 탈레스는 물이 만물을 구성하는 기본 원소라고 생각하였다. 탈레스보다 1세기 후에 태어난 그리스의 철학자 엠페도클레스(Empedokles, B.C. 490?~430?)는 이 개념을 수정하였다. 그는 네 개의 기본 원소들(불, 공기, 물, 흙)과 두 개의 움직이는 힘들(사랑과 투쟁)을 가정하였다. 그는 이들로부터 존재하는 모든 것이 만들어지며 자연에서 일어나는 모든 것을 설명할 수 있다고 하였다. 18세기에 정성 및 정량적인 화학분석법이 발달한 뒤에야 비로소 엠페도클레스의 원소들 중 하나가 정말 기본적인 것이며 불은 물질이라고 부를 수 없는 것임이 밝혀지게 되었다.

사실상 현재 우리가 알고 있는 것과 같은 물의 발견을 향한 첫걸음을 더디게 한 것은 불이 기본적인 물질이라는 주장을 이를 부정하는 증거들로부터 구해 내려는 노력이었다.

고대부터 사람들이 잘 알고 있던 사실은 어떤 물질은 공기 중에서 타고, 어떤 물질은 타지 않는다는 것이었다. 이것처럼 명백하지는 않았지만 정확한 관찰에 의해서 곧 드러난 사실은 연소 가능한 물질 중에서 어떤 것은 타서 원래의 것보다 훨씬 무게가 가벼운 재를 남기고 사라지며, 반면 어떤 것은 타서 원래의 물질보다 더 무거운 재로 변한다는 것이다. 특히 금속 물질들은 후자의 성질을 나타낸다. 이들은 강하게 가열하면 17세기에 '금속회(金屬灰, Calx)'라고 부르던 물질로 변하는데(지금은 이것이 금속산화물임을 알고 있다) 이것들의 무게는 흔히 가열하기 전의 금속들보다 훨씬 무겁다. 또한 어떤 경우에는 금속회(예컨대 산화철)를 숯과 섞어서 태우면 이 과정이 거꾸로 일어난다. 이렇게 하면 금속회는 더 가벼운 원래의 금속으로 변한다. 이 현상을 어떻게 설명할 것인가?

독일의 화학자 슈탈(Georg Ernst Stahl, 1660~1734)은 처

음에는 그럴듯하게 보였던 부분적인 설명을 제안하였다. 그는 '불의 재료와 원리'가 존재하는 것으로 가정하고 이것을 '불 자체'로부터 구별하여 플로지스톤(Phlogiston)이라고 불렀다. 그는 숯을 거의 순수한 플로지스톤으로 가정하였다. 금속회를 숯과 함께 가열하면 플로지스톤을 흡수하고 금속을 금속회로 만드는 과정에서는 플로지스톤이 축출되었다. 슈탈 자신은 연소 때 일어나는 무게 변화에 대해서 관심을 두지 않았으나, 그의 후계자들은 이 사실을 해명하여야 했다. 그들은 플로지스톤이 마이너스의 무게를 갖는다는 기발한 가정으로 이 문제를 해결하려 하였다. 다시 말하면 그들은 플로지스톤에게 무게의 정반대인 가벼운 성질을 부여한 것이다(불꽃은 언제나 위로 올라가므로 고대 그리스 사람들은 불의 속성으로 이 성질을 가정하였다). 그러므로 플로지스톤이 물질에 첨가되면 물질이 무게를 잃는다. 물질로부터 플로지스톤을 빼면 그 물질은 무게를 얻는다.

현대인에게는 황당무계한 것으로 보이는 이 이론이 1세기 동안 화학의 기본적인 교의(敎義)로서 일반적으로 수락되었다. 과학의 발달에 미친 이것의 영향도 모두 나쁘지는 않았다. 슈탈의 신비한 플로지스톤에 대한 탐구가 점점 더 정밀한 실험 기구와 실험 방법의 발달을 자극하였고 이들 기구와 방법 중 어떤 것은 아직도 정성 및 정량 분석에서 이용되고 있다. 또한 이것은 물의 본질과 행동에 대한 현재의 지식을 탄생시킨 실험들과 이 실험들의 결과에 대한 이론적 설명을 자극하기도 하였다.

예를 들어 플로지스톤은 공기 중에서만 그것의 놀라운 성질들을 나타냈다. 금속을 진공 중에서 가열하면 금속회가 생성되지 않았다. 그 이유는 무엇인가? 이 질문 때문에 몇몇 우수한 과학자들이 공기를 과학적 연구의 대상으로 삼게 되었고 실험을 통해 단순하고 기본적인 원소(엠페도클레스의 네 원소들 중의 하나)로 가정되었던 공기가 결코 단순하지 않으며 매우 복잡한 것을 발견하였다.

물론 대부분의 실험은 직접 우리가 말한 문제를 겨냥한 것이 아니었다. 앞에서 말한 조지프 블랙이 18세기 중엽에 스코틀랜드의 글래스고(Glasgow)에서 한 의학도로서 석회(Calcerous Earths, Lime)를 갖고 일련의 획기적 실험을 행했을 때 그는 이 문제 자체를 해결하려는 것이 아니었다. 그러나 만약 이 문제가 공기에 대한 관심을 불러 일으키지 않았다면 블랙은 백묵(Chalk)에 산을 부을 때 발생하는 '공기'의 종류에 대해 주의를 기울이지 않았을 것이다. 그러나 이런 질문이 제기되어 있었으므로 그는 이렇게 해서 얻어진 '공기'의 양과 성질을 측정할 수 있도록 실험을 고안하였으며 다음과 같은 사실을 발견하기에 이르렀다.

  (a) 이것은 연소를 유지시키지 않는다(이것만 있는 곳에서는 아무 물질도 타지 않는다).

  (b) 이것은 대기 중에 조금 들어 있으며 공기를 석회수에 통과시키면 제거되는데, 이때 물에는 백묵 같은 침전이 형성된다.

  (c) 이것은 맥주의 발효 때 생성된다.

  (d) 이것은 숯의 연소 시에 생성된다.

  (e) 이것은 사람이 호흡할 때 허파에서 배출된다.

블랙은 이것을 '고정된 공기(Fixed Air)'라고 불렀지만, 오늘

2장 물의 발견 43

날 우리는 이것이 이산화탄소임을 알고 있다.

그 후 곧 또 하나의 중요한 기체가 분리되었다. 실제로 이 기체의 존재는 블랙이 그의 연구를 시작하기 훨씬 전, 사실상 슈탈이 플로지스톤 이론을 전개하기 수십 년 전에 증명되었었다. 영국의 자연철학자이며 일반적으로 화학의 아버지라고 불리는 보일(Robert Boyle, 1627~1691)은 쇳가루에 무기산을 가하면 쉽게 불이 붙는 '공기'가 발생하는 것을 관찰하고 이 관찰을 기록하였다. 그러나 그 후 1760년대에 와서 이 '가연성 공기'를 순수하게 얻는 방법을 발견하고 이 기체의 성질을 기술한 사람은 역시 영국인인 캐번디시(Henry Cavendish, 1731~1810)였다. 그는 아연 조각에 황산을 부어(주석에 염산을 부어도 같은 효과가 나타났다) 발생하는 기체를 물을 가득 채우고 물통 속에 거꾸로 세워 둔 원통형의 유리병에 포집하였다. 원통형 병은 물로 채워져 있었으므로 모든 공기를 쫓아낸 상태였다. 캐번디시는 아연과 산에서 발생하는 기체를 이 용기 속으로 들어가게 하여 순수한 시료를 얻게 된 것이다. 이 시료는 공기 중에서 매우 격렬하게 연소하였으므로 캐번디시는 이 것을 블랙의 '고정된 공기'와 비교하고 금속에서 나온 것으로 가정하여 플로지스톤과 같은 것으로 보았다. 우리는 이 기체가 수소임을 알고 있다.

캐번디시는 1776년에 그의 발견을 발표하였다. 약 5년 후에 라부아지에(Antoine-Laurent Lavoisier, 1743~1791)라는 뛰어난 프랑스인이 연소현상과 금속이 금속회로 변하는 과정에 대해서 중요한 연구를 시작하였다. 그는 특히 인을 공기 중에서 태울 때 무게가 크게 증가하는 사실에 대해 이상하게 생각하였으며, 이것이 마이너스의 무게를 가진 플로지스톤을 쫓아 냄으로써 일어나는 결과라는 설명을 받아들이지 않았다. 그는 인의 무게가 증가한 것은 그것이 공기 중에서 가열될 때 공기 에서 무엇인가를 받아들이기 때문이라고 생각하였으며 이것이 그에게는 자명한 것으로 보였다. 이 '무엇'이란 무엇인가? 이 질문에 대한 한 단서는 1774년 2월에 프랑스의 화학자 파앤 (Anselme Payen, 1795~1871)이 수은의 붉은 금속회(붉은 산 화물)로 행한 실험의 결과를 보고한 데서 나타났다. 이 붉은 가 루는 두드러진 성질들을 갖고 있는데 그중의 하나를 파앤이 관 찰한 것이었다. 그는 이 금속회를 숯과 함께 섞지 않고 그냥 '적열(赤熱)' 바로 아래의 온도까지 가열하면 기체가 발생하고 순수한 수은이 도로 나타나는 것을 발견하였다. 이 기체를 자 세히 조사하지 않은 파앤은 이것이 '고정된 공기'였다고 발표하 였다. 그 후에 곧 라부아지에는 붉은 수은회를 가지고 자신의 실험을 시작했는데 파앤과는 달리 방출된 기체에 세심한 주의 를 기울였다. 그는 당장 이 기체가 '고정된 공기'가 아님을 발 견하였다. '고정된 공기' 중에 놓은 촛불은 곧 꺼지는데 붉은 수은회에서 나온 기체 중에 촛불을 놓으면 오히려 더 밝게 타 는 것이었다.

그동안 해협의 반대쪽 영국에서는 화학자 프리스틀리(Joseph Priestley, 1733~1804)가 역시 붉은 수은회를 가지고 실험하 고 있었다. 파앤의 발표가 있고 몇 개월 후에(프리스틀리는 이 것에 대해 전혀 몰랐을 가능성이 있다). 그리고 라부아지에가 이 금속회를 가지고 연구를 시작하기 몇 달 전에 프리스틀리는 그 붉은 가루를 봉한 레토르트(Retort)에 넣고, 확대경으로 이

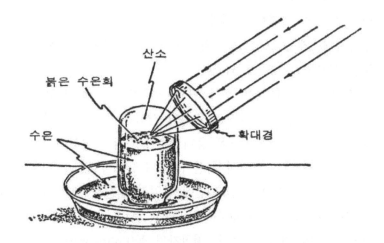

산소

붉은 수은회

수은

확대경

〈그림 2-1〉붉은 수은회를 수은과 '고정되지 않은' 한 기체로 분리한 프리
스틀리의 실험. 그는 『실험과 관찰』(1757)에서 다음과 같이 기술
했다. "그러나 그 후에 지름이 30㎝이고 초점거리가 50㎝인 렌즈
를 사게 되어, 수은을 채우고 역시 수은이 들어 있는 통에다 거꾸
로 세워 놓은 용기 안에 여러 가지 천연 및 인공 물질들을 넣고
렌즈를 이용하여 이들을 가열할 때 생기는 기체들을 매우 빠른
속도로 조사하였다. 1774년 8월 1일, 나는 수은회 자체에서 공
기를 추출하려고 노력하였다." 그는 이 장치의 그림을 남겨 놓지
않은 것 같지만 대략 이 그림과 같았을 것이다

것을 가열하여 배출되는 기체를 캐번디시가 한 것처럼 물을 통
해 포집함으로써 '가연성 공기'를 발견하였다(그림 2-1). 그도
이렇게 분리된 공기를 촛불로 시험하여 이것이 연소를 유지시
킴을 발견하였다. 그러므로 이것은 '고정된 공기'일 수 없었다.
프리스틀리는 처음에 이것이 '웃기는 기체(Laughing Gas, 산
화질소)'라고 가정하였는데 당시에 이 기체는 그것을 흡입하는
사람에게 미치는 이상한 효과 때문에 널리 관찰되어 있었다.

두 달 후에 그가 파리를 방문하여 라부아지에에게 그의 최근 연구에 대해 설명했을 때까지도 이런 견해를 갖고 있었다. 라부아지에에게는 프리스틀리의 방문이 같은 방향으로 새로운 연구를 시작하는 계기가 되었다.

그런데 수은의 붉은 회를 가열하면 기체가 배출되고 순수한 수은이 남는 것을 처음으로 관찰한 사람은 결코 파앤이 아니었다. 이것은 그 자체가 매우 흥미로우며 과학적 발견의 본질상으로도 의미가 있는 역사적 사실이다. 데 슐츠바흐(De Sultzbach)라는 연금술사가 이미 1489년에 동일한 관찰을 했던 것이다(그는 배출된 기체를 '정신(Spirit)'이라고 불렀다). 그러나 그의 관찰은 중세의 연금술사들이 '철학자의 돌(Philosopher's Stone)'을 탐구하는 중에 마구잡이로 발견된 수많은 사실들 중의 하나에 불과했다. 독자는 기억하겠지만, 이 '돌'은 연금술사로 하여금 천한 금속을 금으로 변환하게 하고 사람의 모든 질병을 낫게 하고 모든 초자연적인 힘을 얻게 하는 마술적인 무엇이었다. 동일한 현상을 마술적인 힘이 아니라 인과율적 사고에 토대를 둔 객관적 진리를 추구하는 엄격하게 훈련된 사람이 관찰할 때에서야 비로소 그 관찰이 열매를 맺기 시작했던 것이다. 프리스틀리는 숙련된 실험가였고 정확한 관찰자였으므로 그 토대를 만들었다. 한편 라부아지에는 숙련된 실험가였을 뿐만 아니라 이론적인 편견으로부터 탈피하여 그의 관찰에 대해 명석한 논리와 창조적인 상상력을 적용할 수 있었다.

프리스틀리나 라부아지에가 그들이 수은회에서 얻은 기체를 분리하고 과학적으로 연구한 첫 사람이 아니었던 것도 흥미롭고 의미 있는 일이다. 스웨덴의 위대한 화학자 셸레(Karl Wilhelm

Scheele, 1742~1786)가 1772년 혹은 1773년에 그것을 분리하여 이 새로운 기체를 '불공기(Fire Air)'라고 불렀다. 그러나 이 연구에 대한 보고가 담긴 그의 책 『공기와 불(Air and Fire)』의 원고는 1775년까지 출판사에 보내지지 않았으며 2년 후까지 출판되지 않았다. 그리하여 그의 관찰은 영국 및 프랑스의 과학자들이 그들의 중대한 실험을 하고 있는 동안 전혀 알려져 있지 않았다. 코넌트(James Bryant Conant, 1889~1978)는 『하버드 실험과학 사례사(Harvard Case Histories in Experimental Science), Vol. Ⅰ』(Harvard University Press, 1957)의 사례 2에서 과학자들 간의 빠르고 정확한 정보 전달의 중요성을 예시하기 위해 이 사실을 지적하고 있다. 이러한 정보 전달은 불필요한 반복을 없애 주고 이미 발견된 사실을 더 깊이 탐구하게 해 준다. 그러나 셸레와 다른 나라의 과학자들 사이에는 정보가 전달되지 않았기 때문에 마땅히 그가 받아야 할 보답을 받지 못하였다. 이것 때문에 그의 연구는 과학의 발달의 주류(主流)로부터 멀리 떨어진 가장자리에 있게 되었고 주류에 아무런 영향을 주지 못했다. 같은 이유로 15세기 말과 16세기 초에 걸친 레오나르도 다빈치(Leonardo da Vinci, 1452~1519)의 거의 모든 뛰어난 통찰력과 연구도 이와 같은 운명을 겪었다.

반면에 우리가 본 바와 같이 라부아지에와 프리스틀리 사이에는 상호 간에 고무적인 연락이 계속되어 각자는 상대방의 성공과 실패 모두로부터 중요한 정보를 얻게 되었다.

예를 들어 1774년 10월에 파리에서 만난 뒤 두 사람은 동시에 수은회에서 나오는 기체를 가지고 같은 실험을 했으며 처음에는 그 해석에 있어서 동일한 실수를 범하였다. 프리스틀리

는 곧 그의 실수를 수정하였다. 라부아지에는 프리스틀리가 그
에게 잘못을 지적할 때까지 그것을 알지 못했다. 그러나 라부
아지에는 즉시 이 발견이 플로지스톤설에 치명타를 가할 수 있
음을 간파하였다. 반면 프리스틀리는 감정적으로 플로지스톤설
에 얽매였던지 죽을 때까지 이 설을 고수하였다. 코넌트는 사
례 2에서 이것을 과학적 발견에 있어서의 '우연' 또는 '사고'의
역할에 대한 고전적 예로서, 그리고 일반적 이론들이 아무리
오래되고 잘 확립되어 있더라도 정확하게 관찰된 사실이 그에
모순되면 언제나 그 이론들을 수정하거나 폐기해야 할 필요성
의 한 예로서 제시하면서 이 이야기를 자세히 기술했다. 이러
한 경우에는 새로 발견된 진리가 그것과 연관 지을 수 있는 다
른 모든 알려진 진리와 논리적으로 모순되지 않음을 보여 주는
새로운 일반 이론들을 개발해야 진전이 일어날 수 있다.

　흥미가 있는 독자들에게는 이런 것 모두에 관한 코넌트의 자
세한 설명을 읽기를 권한다. 여기에서는 프리스틀리가 수은회
로 연구를 시작하기 2, 3년 전에 대기 공기의 '좋은 정도'를
시험하는 화학적 방법을 고안한 것을 지적하는 것으로 충분할
것이다. '좋은 정도'란 기체가 연소와 동물의 호흡을 유지하는
능력을 의미하였으며 그는 이것이 플로지스톤의 결핍과 동일한
것이라고 믿었다. 기체는 플로지스톤이 결핍된 만큼 가열된 물
질이나 호흡하는 동물로부터 이 불의 원리를 흡수할 것이다.
그러나 기체가 플로지스톤으로 포화되면 더 이상 담을 수 없어
서 완전히 '불량한' 것이 된다. 이 '포화된' 기체는 촛불을 끄고
동물을 질식시키는 것이다.

　프리스틀리의 시험은 '질소공기(Nitrous Air)'를 이용하였다.

우리는 이 기체가 화학식 NO를 가진 산화질소임을 알고 있다.
프리스틀리는 이것을 보통 공기와 섞으면 '붉은 증기'를 내는
무색의 '공기'로 알고 있었다. 그는 실험에 의해 순수한 무색
'질소공기'는 물에 녹지 않으나 '붉은 증기(이산화질소, NO_2)'
는 쉽게 녹으며, 밀폐된 용기 안에서 촛불을 꺼질 때까지 태운
뒤에는 그곳에서 '붉은 증기'가 생성되지 않음을 발견하였다.
그는 또한 그가 알고 있던 '최상의' 기체를 한정된 공간의 물
위에서 충분한 '질소공기'와 혼합함으로써 완전히 '불량한' 것
으로 만들 수 있음을 발견하였다. 이러한 조건에서는 '붉은 증
기'가 형성되고 녹는 것이 촛불을 태우는 것과 같은 효과를 나
타냈던 것이다. 또한 이 과정 중에 물 위에 남아 있는 공기의
부피가 감소하였다.* 이 모든 것으로부터 프리스틀리는 공기의

---

*독자는 우리가 1장에서 기체를 정의할 때 기체는 단단한 성질과 일정한
부피를 갖지 않는다고 한 것을 기억하고 여기에서 '부피'라는 단어를 쓴
것을 의아하게 생각할지 모른다. 우리는 기체의 부피는 그것을 담고 있는
용기의 부피와 같다고 하였다. 그러나 용기가 피스톤을 가진 원통이어서,
그 피스톤으로 정확히 측정할 수 있는 기체의 부피에 정확히 측정 가능한
압력을 가할 수 있다고 가정하자. 이 경우에는 기체의 부피가 그것에 미
치는 압력에 반비례함을 발견할 것이다. 즉 기체의 온도가 일정하게 남아
있다고 가정하면 압력이 클수록 부피는 작아진다. 기체에 있어서 압력과
부피의 관계는 다음과 같은 물리학의 한 기본식으로 표현된다.

$$\frac{V_1}{V} = \frac{P}{P_1}$$

여기에서 P는 작은 압력을, V는 이 압력 아래에서의 이상기체의 부피를
나타내고, P_1은 큰 압력을, V_1은 이 압력 아래에서의 이상기체의 부피를
나타낸다. 이것을 보일의 법칙이라고 부르는데 보일은 일찍이 수소에 대
해 관찰한 위대한 보일과 같은 사람이다. 그러므로 기체의 부피가 감소한
다고 말할 때 우리는 그 기체에 미치는 압력이 일정함을 가정하고 있다.

50

'좋은 정도'를 정량적으로 측정하는 방법을 생각해 낸 것이다. 그는 '질소공기' 1부피와 '최상의' 보통 공기 2부피를 혼합할 때 부피가 가장 크게 감소함을 발견하였다. 사실상 부피의 감소는 놀라울 정도로 컸다. 수 분 이내에 원래의 3부피('질소공기' 1부피와 '최상의' 대기 공기 2부피)는 약 1.8부피로 감소되었는데 이것은 '질소공기'를 가하기 전 대기 공기만의 부피보다도 10%나 작은 부피이다. 그러나 '질소공기' 1부피를 '최악의' 보통 공기 2부피와 물 위에서 혼합하면 전혀 부피의 감소가 일어나지 않고 3부피의 기체가 그대로 남아 있었다. 그리하여 '질소공기'를 써서 '좋은 정도'와 '나쁜 정도'의 극한을 확립하였으며 중간에 놓은 '좋은 정도'들에 정량적인 값들을 배당할 수 있었다. 프리스틀리는 1772년에 이 모든 것에 대한 보고를 발표하였다.

　이제 수은회로부터 얻은 '공기'가 연소를 유지시키는 사실로 보아 프리스틀리의 '질소공기' 시험을 이 새 기체에 적용하지 않을 수 없게 되었다. 프리스틀리와 라부아지에는 둘 다 1774년 말 혹은 1775년 초에 이 실험을 행하였다. 그들은 '질소공기' 1부피와 새 기체 2부피를 혼합할 때 기체의 총량이 3부피에서 1.6부피로 감소하는 것을 발견하였다. 이것은 '최상의' 보통 공기에 대해 시험했을 때보다 약간 더 감소한 것이었다. 두 사람은 모두 이 차이를 발견하였으나 아무도 처음에는 이것을 의미 있는 것으로 간주하지 않았다. 오히려 금속회에서 나온 기체가 보통 공기보다 약간 더 강하게 연소를 유지하고 '질소

보일의 법칙에 의하면 압력이 일정할 때 용기 안의 기체의 실질적인 양이 줄어들면 기체의 부피도 그것에 비례하여 줄어들 것이다.

공기'에 의해 대기 공기보다 약간 더 감소하였으므로 이 두 과학자들은 처음에 금속회에서 나온 기체가 실제로는 보통 공기인데 지금까지 얻어진 것보다 '더 좋은' 시료였을 뿐이라고 가정하였다. 라부아지에는 1775년 프랑스 과학아카데미 부활절 모임에서 발표한 그의 실험에 대한 첫 보고(과학사에서는 이것이 라부아지에의 '부활절 논문(Easter Memoir)'으로 알려져 있다)에서 이 정도로 이야기하고 있다.

그러나 라부아지에가 그의 논문을 발표하기 전에 프리스틀리는 자신이 강조하듯이 '우연히' 놀랍고 흥미진진한 발견을 하였다. 1775년 3월 어느 날 수은회에서 얻은 기체에 대해 '질소공기' 시험을 끝낸 뒤 프리스틀리는 우연히 손에 촛불을 들고 있었다. 갑작스러운 충동으로 그는 물 위에 남아 있는 1.6부피의 기체 안으로 그 촛불을 넣어 보았다. 불꽃은 즉시 꺼졌어야 했다. 원래의 시료가 보통 공기였다면 불이 꺼졌을 것이다. 현재 우리가 알고 있는 바와 같이 프리스틀리가 사용한 그러한 비(比)의 NO와 공기의 혼합물은 반응하여, 산소(부피로 공기의 1/5)를 완전히 물에 녹는 붉은 기체 NO_2로 변화시키고 비활성인 질소 기체만 남겨 놓을 것이다(질소는 이산화탄소와 같은 소량의 다른 기체들과 함께 보통 공기 부피의 약 4/5를 차지하고 있다). 그러나 불꽃은 꺼지지 않았을 뿐 아니라 오히려 더 밝아졌다. 불꽃은 완전히 플로지스톤화(化)된 공기(프리스틀리의 용어)에 의해 이미 꺼졌어야 할 텐데도 오랫동안 계속해서 탔다. 분명히 이 수은회에서 얻은 기체는 보통의 것이 아니었다. 이것은 프리스틀리가 그때까지 관찰한 어느 것보다 더 탈(脫)플로지스톤된 기체였다.

그는 그 후의 실험들을 통해 이 사실을 충분히 확인하였다. 예컨대 이 새로운 기체에 넣어 둔 쥐는 보통 공기에 넣어 둔 경우에 비해 더 오래 살았다. 그리고 그 쥐가 호흡한 공기에 '질소공기'를 섞으면 전과 같이 '붉은 증기'가 생기며 공기의 총부피가 감소하였다. 실제로 프리스틀리는 '보통 공기는 그 부피의 약 반에 해당하는 질소 공기를 받아들인 다음에야 더 많은 질소공기를 받으면 부피가 증가하는' 반면에 이 놀라운 새 기체는 '2배 이상의 질소공기를 받아들인 후에야 더 많은 질소공기를 가하면 부피의 감소가 멈추었으며 심지어는 2배 반을 가해도 원래의 부피보다 더 커지지 않음'을 발견하였다. 코넌트의 말을 빌리면 그는 산소를 '효과적으로 발견한' 것이다(이보다 앞선 셸레의 발견은 과학의 발달에 있어서 효과를 나타내지 못했다). 그럼에도 불구하고 프리스틀리가 죽을 때까지 이것을 '탈플로지스톤 공기'라고 부르기를 계속한 것은 아이러니컬한 일이다.

그리하여 1775년 봄까지 반응하여 물을 만드는 두 개의 기체들이 모두 발견되었다. 그러나 그때까지는 물이 지금 우리가 알고 있는 그런 화합물이라는 것을 생각하지 못했다. 이러한 의미에서 물은 발견되지 않은 채 미지의 상태로 남아 있었으며 1783년에 와서야 캐번디시가 물을 발견하게 되었다. 캐번디시는 '가연성 공기'에 대한 연구를 계속하는 중에 우연히 올바른 조건에서 올바른 비로 '탈플로지스톤 공기'와 섞게 되어 액체화합물을 얻었으며 이로써 물을 원소로 보는 견해를 완전히 부숴 버렸다.

캐번디시는 1784년에 발간된 「공기를 사용한 실험(Experi-

2장 물의 발견 53

ments with Air)」에서 그가 어떻게 일정한 양의 '가연성 공기'
와 부피가 이것의 약 2.5배인 보통 공기를 섞어서 이 혼합물에
불을 붙였는가를 설명하고 있다. 그러자 폭발이 일어났으며 용
기의 벽들이 곧 액체 방울들로 덮였다. 캐번디시는 곧 이것이
물임을 확인하였다. 그는 한 걸음 더 나아가 이 반응에 참가하
는 기체들의 정확한 비를 결정하려 하였다. 이러한 목적으로 그
는 볼타 유디오미터(Volta Eudiometer)라고 불리는(그림 2-2)
전기방전장치가 달리고 세밀하게 눈금이 매겨진 관을 사용하였
다. 그의 실험은 즉시 프리스틀리, 라부아지에 및 그의 증기기
관이 산업혁명의 출발점이 된 와트(James Watt, 1736~1819)에
의해 반복되었다. 물은 산소와 수소가 약 8:1의 무게비로 구성
되어 있는 것이 증명되었다. 수소와 산소의 부피의 비는 약 2:1
임을 데이비(Humphry Davy, 1778~1829)가 발견하였다.*

  그러나 우리가 이 장의 처음에서 밝힌 바와 같이, 그리고 라
듐의 탐구에서도 그러했듯이 과학적 항해 중 이 부분의 궁극적
목표도 새로운 물리적 사실의 발견이 아니라 잠정적으로 받아
들일 수 있는 새로운 설명을 얻는 것이었다. 만약 프리스틀리
가 산소의 효과적인 발견자이고 캐번디시가 화합물로서의 물을
발견한 사람이라면, 라부아지에는 이 새로 발견된 진리를 오래
된 진리들과 모순되지 않게 설명하고 성과 있는 연구로 나아갈
새로운 길을 뚜렷이 제시한, 보다 포괄적인 새 개념의 체계를
창안한 사람이었다.

  라부아지에는 즉시 그가 처음에 '활성공기(Vital Air)'라고 부
른 이 새로운 기체가 '하소(煆燒, Calcinations: 열을 가해 휘

---
*데이비는 새로 발견된 전기분해법으로 물을 분해하였다.

54

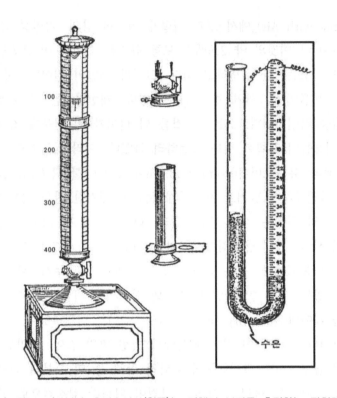

〈그림 2-2〉 볼타 유디오미터(왼쪽)는 기체의 부피를 측정하는 장치로
서 캐번디시가 '가연성 공기'와 '탈플로지스톤 공기'의 연구
에서 사용하였다. 이것은 옛날 책에서 따온 것이다. 오른쪽에
있는 것이 현대적 유디오미터이다

발 성분을 분리하는 것) 때에 금속과 결합하여 그 무게를 증가
시키는 무언가임'을 알아차렸다. 이것은 연소가 일종의 산화 과
정이라는 말과 같았다. 이것의 한 증명은 라부아지에가 실험적
으로 확립한 것으로, 수증기에서 금속을 가열하면 금속회(금속
산화물)가 생기고 유리수소가 방출된다는 사실이었다. 라부아지
에와 같은 시대 사람들 중 나이가 많은 사람들에게는 분명하지

않았지만, 이 위대한 프랑스인에게는 신비한 불의 원리, 플로지스톤이 불필요할 뿐만 아니라 완전히 모순됨이 분명해졌다. 어떻게 정량적으로 무(無)보다 적은 것이 있을 수 있을까?

사실상 라부아지에는 캐번디시가 물질로서의 물의 본질을 발견한 것과 거의 때를 같이 하여 1783년에 슈탈의 이론에 대한 사형선고를 발표하였다. 그해 라부아지에의 논문 「플로지스톤에 대한 고찰(Reflections on Phlogiston)」은 곧 새 화학으로 알려진 개념적 구축물의 몇 개의 초석들을 놓았다. 그리고 6년 후에 그의 획기적인 『화학개론(Elementary Treatise in Chemistry)』의 발표와 더불어 새로운 구축물의 기반을 확고히 하였다. 그는 네 개의 일반 원리들을 제시하였다.

(1) 물질은 '활성공기'가 있을 때만 탄다.

(2) 모든 비금속들은 공기 중에서 타면 산을 낸다.

(3) 금속은 공기 중에서 타면 '활성공기'와 결합하여 금속회를 형성하며, 이 과정 중에서 더 무거워진다.

(4) 플로지스톤이란 것은 존재하지 않는다.

여기에 덧붙여 그는 새로운 화학 명명법을 제안하였는데, 이것이 오늘날 우리가 사용하고 있는 것의 기초가 되었다. '활성공기'는 산소가 되고, '가연성 공기'는 수소가 되었으며, '플로지스톤화 공기'는 질소가 되었다. 금속화합물들은 금속회 대신 금속산화물이 되고, 산들의 염들은 황산염, 아황산염, 질산염, 아질산염 등이 되었다. 수소를 태울 때 형성되는 물은 새로운 명명법으로 수소산화물이 되었다.

그러나 이것도 항해의 끝은 아니었다. 이것은 단지 한 단계의 완성에 불과했다. 다음 단계는 "물은 무엇인가?"라는 질문에 대해 원자 및 분자 이론에 토대를 둔 보다 넓고 깊은 해답을 주었다.

데모크리토스의 원자

어떤 의미에서 원자론은 매우 오래된 개념이다. 이것은 이미 B.C. 5세기에 두 그리스인 레우키포스(Leukippos, B.C. 5세기)와 데모크리토스(Demokritos, B.C. 490~437)에 의해 철학적인 용어로 완성되었다. 물론 초기의 철학자들이 이 개념을 창시하지 않았을 가능성도 있으나, 두 사람이 우주는 지극히 작은 물질의 입자들로 구성되어 있으며 어떤 물질이라도 (이론적으로는) 이 입자들로 분해할 수 있으나 이 입자들 자체는 단단하고 분해할 수 없으며 파괴할 수 없다는 것을 확신하였으며, 그들의 확신을 발표하여 다른 사람들이 믿게 하였으므로 서양에서는 이 두 사람을 일반적으로 물질철학의 창시자들로 간주한다. 그러나 이 그리스 이론은 완전히 사변적인 것이었다. 다시 말해 이는 실험적인 검사를 거치지 않고 일상생활의 관찰에 토대를 두고 있었는데, 이 관찰은 여러 가지 방식으로 해석될 수 있었다. 후기 그리스의 가장 영향력 있는 철학자들은 실제로 데모크리토스의 주장 못지않게 논리정연하게 보편적인 기본 물질은 연속적인 통일체여야 한다고 주장하면서 원자설을 정면으로 반대하였다.

로마의 멸망과 더불어 데모크리토스와 레우키포스의 글은 사라졌으며 그들이 신봉한 원자설도 그들이 죽고 약 4세기 후에 활약하였던 로마의 시인 루크레티우스(Lucretius, B.C. 96~55)

가 요약하고 창시자들을 밝히지 않았다면 함께 사라졌을 것이
다. 중세 이후까지 남게 된 루크레티우스의 교훈적인 서사시
『사물의 본질에 관하여(De Rerum Natura)』는 서양 문명의 암
흑기가 끝나 르네상스가 시작되고 연금술이 화학으로 대치되
고, 오랫동안 관념적이고 신비적인 이론들이 완전히 지배하다
가 다시금 유물주의(Materialism)가 광범위하게 효과적인 철학
이 되자 유럽의 지성적 생활에 강력한 영향을 미치게 되었다.
예컨대 갈릴레오와 케플러(Johannes Kepler, 1571~1630)가
이룩한 기반 위에서 자신의 이름이 붙어 있는 물리학의 높은
탑을 세운 뉴턴(Issac Newton, 1642~1727)은 철저한 원자론
자였다. 그는 그의 『광학(Opticks)』(1706)에서 다음과 같이 기
술했다.

나에게는 태초에 하느님이 물질을 창조하실 때 그 만든 목적에 가
장 잘 부합하는 크기, 모양 및 성질을 가진 고형이고 질량이 있고
단단하고 뚫을 수 없고 움직이는 입자들을 적절한 간격으로 만드셨
으며, 이 원시 입자들은 고체이기 때문에 이들로 구성된 어떤 다공
질의 물체보다도 비교할 수 없을 정도로 더 단단하여 닳거나 조각들
로 부서질 수 없으며 보통의 힘으로서는 하느님 자신이 첫 창조 시
에 하나로 만들어 놓으신 것을 분리할 수 없는 것으로 보인다.

원자설은 프리스틀리, 캐번디시 및 라부아지에가 연구를 수
행하던 당시의 지배적인 지성적 풍토에 기여하였으며 또한 라
부아지에의 새 화학의 지지를 받았다. 사실상 이 후자야말로
원자론을 사변적인 철학의 영역으로부터 과학적 가설의 영역으
로 옮겨 놓는 데 직접적인 영향을 주었다. 1789년 영국의 자
연철학자 히긴스(William Higgins, 1763~1825)는 당시 갓 발

표된 라부아지에의 산소 이론을 지지하며 「플로지스톤 및 반
(反)플로지스톤 이론의 비교」를 발표하였는데, 여기에서 그는
원자 가설의 개요를 설명하였다.

그러나 일반적으로 현대과학적 원자설의 아버지로 생각되는
사람은 또 다른 영국인 돌턴(John Dalton, 1766~1844)이다.
그는 이 이론의 타당성을 화학의 특수한 실험들을 통해 처음으
로 시험한 사람이었다. 그는 원자량에 집중함으로써 이 이론을
정량적으로 만들고 실험실에서 조사할 수 있게 하였다. 1805
년 돌턴은 『맨체스터 문학 및 철학회 잡지』에 한 논문을 발표
하였는데 거기에서 다음과 같은 가설들을 제안하였다.

(1) 모든 물질은 분해되지 않고 파괴되지 않는 개개 원자들로 구
성되어 있다.

(2) 수소와 산소가 결합하여 물을 형성하는 것과 같은 화학적 결
합은 원자와 원자가 연결되는 것을 나타내는데, 물질 중에서
이 원자들의 비는 언제나 간단한 정수들이다.

(3) 상이한 기체들의 같은 부피에는 상이한 수의 원자들이 들어
있으며, 각 기체의 원자들의 크기는 기체마다 다르다.

(4) 상이한 물질의 원자들은 무게가 다르다.

돌턴은 또한 화학적 결합을 나타내는 데 매우 유용한 부호들
을 도입하였다. 그는 각 종류의 원자에 하나씩의 부호를 배당
하였다. 그리하여 산소 ○는 수소 ◉와 결합하여 물○◉을 형성
하였다. 이것으로부터 돌턴의 견해에 의하면 물의 기본 단위는
수소 원자 하나와 산소 원자 하나로 구성되어 있음을 알 수 있
다. 이때에는 이미 실험적으로 물이 무게로 따져 85.7%의 산

소와 14.3%의 수소로 구성되어 있음이 결정되어 있었으므로
돌턴은 산소 원자의 무게가 수소 원자 무게의 6배라고 결론지
었다(오늘날 우리는 이것이 잘못된 결론임을 알고 있다).

돌턴은 결합하는 물질들의 무게로 화학적 결합을 연구하며
그 결과를 그의 원자론으로 해석하고 그 이론을 실험 결과로
시험하였으나 프랑스의 한 화학자는 이러한 결합을 결합하는
물질들의 부피로 연구하고 있었다. 그는 연구를 기체상에 있는
물질들에 국한하였으며 그의 결과에 원자론을 적용하지 않았
다. 그 까닭은 아마 그의 결과가 돌턴의 이론의 기본적 주장에
맞지 않는 것처럼 보였기 때문이었을 것이다.*

이 프랑스 사람은 게이뤼삭(Jeseph Louis Gay-Lussac,
1778~1850)이었다. 그는 기술이 매우 뛰어난 실험가로서 실험
적 재능에서 돌턴보다 월등하였다. 그의 연구의 도약대는 약 2
부피의 수소가 1부피의 산소와 결합하여 물을 생성한다는 캐번
디시의 발견이었다. 게이뤼삭은 실험적으로 측정이 정확할수록
결합비가 2:1에 접근함을 증명하였는데, 그가 실험실에서 도달
한 가장 가까운 값은 1.9989:1이었다. 그리하여 그는 실제의
결합비가 정확히 2:1이라고 결론지었는데, 그것은 수소 2부피
와 1.9989부피 사이의 매우 작은 차이는 충분히 실험 오차에
의한 것으로 볼 수 있었기 때문이다. 그는 계속해서 신중한 실
험에 의해 2부피의 일산화탄소가 1부피의 산소와 결합하여 2
부피의 이산화탄소를 형성하고, 1부피의 수소와 1부피의 염소

*어떤 독자들은 알고 있겠지만, 산소의 분리에 관한 논의에서와 마찬가지
로 여기에서도 코넌트가 편집하여 두 권으로 출판된 『실험과학 사례사
(Case Histories in Experimental Science)』(Harvard University
Press, 1957)를 많이 참조하였다.

가 결합하여 2부피의 염화수소를 형성하는 것 등을 증명하였
다. 두 기체들이 화학적으로 결합할 때는 언제나 원래의 부피
와 간단한 비례 관계에 있는 부피가 되었다. 이 관찰을 요약한
것이 '결합부피의 법칙'으로 알려지게 되었다. 게이뤼삭은
1809년에 발표한 원래의 보고에서 다음과 같이 기술했다.

  기체 물질들이 서로 간에 형성하는 화합물들은 언제나 매우 간단
  한 비로 형성된다. 그리하여 둘 중 하나를 1로 나타내면, 다른 것
  은 1, 2 혹은 최대로 3이다. 이 부피비들은 고체나 액체 물질에 대
  해서는 관찰되지 않으며 무게를 고려할 때도 관찰되지 않는다.

  결합하는 기체의 부피비와 무게비가 전혀 다른 크기여서 자
신의 개념으로는 한 가지 비를 다른 종류의 비와 모순되지 않
게 할 수 없다는 점 때문에 돌턴은 큰 동요를 받았다.

  게이뤼삭의 결과를 원자론으로 해석하면 분명히 상이한 기체
들의 동일한 부피 중에는 같은 수의 원자들과 원자의 조합들
(분자들)이 들어 있음을 나타내는 것 같았다. 예를 들어 지금은
산화질소(NO)로 알려져 있는 '질소공기'를 고려해 보자. 만약
1부피의 질소가 같은 부피의 산소와 결합하여 산화질소를 생성
하면 분명히 처음의 두 같은 부피 중에는 정확히 같은 수의 산
소 원자들과 질소 원자들이 들어 있었을 것이다. 염소와 수소
가 결합하여 염화수소를 형성할 때와 몇 가지 다른 기체들이
결합할 때도 이와 비슷한 관계가 성립하였다. 기체들의 종류에
상관없이 같은 부피의 기체 안에는 같은 수의 입자들이 들어
있다는 결론을 피할 수 없는 것 같았다. 왜냐하면 자연현상이
매우 규칙적인 방식으로 일어난다는 것이 과학의 기본적이고
필수적인 가정이기 때문이다. 이 방식이 발견되면 그 현상을

예측할 수 있는데, '같은 부피-같은 수'의 규칙이 정확히 측정된 모든 경우에는 성립하면서 모든 물질에 적용되지 않는다고 가정하면 이것은 이 자연질서에 위배될 것이다. 더구나 이 규칙은 기체의 행동에 대한 실험적 관찰들로부터 얻어낸 다른 많은 추론들과도 모순되지 않았다. 그리하여 게이뤼삭 시대에 많은 과학자들이 이것을 받아들였다.

그러나 모두 이것을 받아들인 것은 아니다. 누구보다도 돌턴이 이것을 받아들이지 않았던 것이다.

독자는 3페이지 앞에서 요약한 돌턴의 네 가설들 중 세 번째를 기억할 것이다. 그는 1810년에 발표한 『화학철학의 새로운 체계(A New System of Chemical Philosophy)』에서 이것을 반복하면서 다음을 공리(Maxim)로서 주장하였다.

> 모든 순수한 탄성유체(즉 기체)는 구형이고 크기가 일정한 입자들을 가지며 어느 두 종(種)도 같은 크기의 입자를 가지지 않는다.

그의 체계에 의하면 어떤 두 종도 같은 부피 안에 같은 수의 입자를 가질 수 없다는 것이 된다. 그는 기체의 구조가 포탄을 쌓아 놓은 것과 비슷하고 각 입자를 둘러싸고 있는 '열(熱)의 대기'가 인접한 입자들의 '대기'들과 실제로 접촉하고 있는 것으로 생각하였다. 입자의 지름이 크면 클수록 주어진 공간 안에 쌓을 수 있는 입자 수는 줄어들었다. 그는 기체 구조에 대한 그의 생각으로부터 여러 가지 기체들에 대해 궁극적인 입자들의 지름까지 계산했으며 이 계산에 토대를 두고 주어진 부피에 들어갈 수 있는 이 입자들의 상대적인 수도 얻었다. 그의 계산에 의하면 입자들의 지름이 기체에 따라 매우 달랐으므로 이 기체들의 같은 부피에 들어 있는 입자 수도 많이 달랐다.

돌턴은 게이뤼삭의 결합부피의 비는 그가 수들을 반올림해서 얻은 조잡한 근사치라고 결론지었다. 예를 들어 돌턴은 같은 부피에 들어 있는 산소와 질소 원자 수의 비를 1:1이 아니라 1:0.833으로 계산하였다. 그러므로 산화질소의 형성 때에 실제로 결합하는 부피는 게이뤼삭이 주장한 바와 같이 1:1의 비가 아니라 0.833의 산소와 1의 질소여야 했다.

설령 돌턴 시대의 많은 사람들이 한 것처럼 돌턴의 '포탄 더미' 비유를 거부한다 하더라도(실제로 이것은 기체 구조에 대한 매우 잘못된 모형이다) '같은 부피-같은 수' 규칙에 대해서는 심각한 난점(難點)에 부딪치게 되었다. 기체상에서 수소와 산소가 결합하여 수증기가 되는 반응을 고려하자. 물은 산소와 수소로 된 화합물이므로 수증기의 각 '궁극적 입자'는 각 산소 원자보다 무거운 것이 틀림없었다. 그러나 수증기는 실제로 산소보다 가볍다! 이것에 대해 가능한 유일한 설명은 주어진 부피 내에 들어 있는 수증기의 입자 수가 같은 부피 안에 들어 있는 산소의 입자 수보다 적다는 것 같았다. 일산화탄소도 각 입자가 산소 원자 하나와 탄소 원자 하나로 구성되어 있음에도 불구하고 산소보다 가볍고, 암모니아는 질소와 수소의 화합물인데 질소보다 가벼우며, 다른 많은 기체화합물들도 그것의 성분 중 하나보다 가벼우므로 이들도 같은 방식으로 설명해야 했다. 돌턴은 이 모든 경우에 기체화합물의 주어진 부피에 들어 있는 입자의 수가 성분기체 중 무거운 것의 같은 부피에 들어 있는 입자 수보다 적은 것이 틀림없다고 말했다.

또 하나의 설득력 있는 반대는 여러 경우에 두 기체들의 반응에 의해 생성된 기체의 부피가 출발 물질 중 적어도 하나의 부피보다는 크다는 사실로부터 나온 것이다. 게이뤼삭에 의하면 1부피의 산소는 2부피의 수소와 결합하여 정확히 2부피의 수증기를 생성하였다. 그러나 만약 수증기의 주어진 부피에 들어 있는 입자 수와 같은 부피의 산소에 들어 있는 입자 수가 같다면 어떻게 이런 일이 일어날 수 있을 것인가? 수증기의 각 입자는 적어도 한 개의 산소 원자를 갖고 있으므로 2부피의 수증기 중 1부피는 같은 부피의 처음 산소에 비해 반수(半數)의 입자들을 가져야 한다. 모순이 없게 하려면 원래 부피 중의 각 산소 원자가 수소와 반응할 때 둘로 쪼개진다고 가정할 수밖에 없는데, 이 가정을 받아들인다면 돌턴과 뉴턴이 생각한 원자론의 핵심이 파괴될 것이다. 원자는 정의에 따르면 매우 단단해서 닳거나 조각들로 파괴되지 않는 궁극적이고 분해될 수 없는 입자이며, 이 정의가 옳다는 것을 보여 주는 실험적 증거가 압도적으로 많았다. 그렇지 않다면 그때까지 분명하게 확립되었던 결합물질의 일정비례 및 배수비례 법칙들을 어떻게 설명할 것인가? 그리하여 한 난관에 도달하게 되었다.

우리가 앞에서 밝힌 바와 같이 다른 모든 지적 활동에서와 마찬가지로 과학에서도 진리에 대한 궁극적인 시험은 모순이 있느냐 없느냐 하는 것이다. 인간 정신은 상호 간에 모순되는 것을 똑같이 참된 진실들로 받아들일 수 없다. 두 개가 모순되면 하나나 둘 모두를 수정하여 이들이 상호 간에, 그리고 이미 확립된 다른 모든 진리들과 모순되지 않게 하여야 한다. 이렇게 하거나 둘 모두를 잘못된 것으로 거부하는 길밖에 없다. 지금 논의하고 있는 경우에서는 돌턴의 생각이 수정되었지만, 돌턴 자신은 이 수정을 결코 받아들이지 않았다.

1811년에 발표된 한 논문에서 이탈리아의 물리학자 아보가드로(Amedeo Avogadro di Quaregna, 1776~1856)는 '같은 부피-같은 수' 규칙과 원자가 쪼개어지지 않는다는 가정을 조화시키는 교묘한 방법을 제안하였다. 이 둘 사이의 모순은 모두 쪼개어지지 않는 원자가 기체 원소의 단위성분(즉 기본 입자)이라고 가정한 데서 유래한 것이었다. 이 가정은 언뜻 보면 그럴듯한 것 같지만 반드시 필요한 것은 아니었으며, 이것 때문에 심각한 난점이 생겼으므로 이것을 포기하여야 했다. 아보가드로는 이것 대신에 기체 원소의 입자가 기체화합물의 입자와 마찬가지로 단일 원자가 아니라 그가 '성분분자'라고 부른 원자들의 집단임을 제안하였다. 그는 두 기체 원소들이 반응할 때 일어나는 것은 원자의 분리가 아니라 분자의 분리라고 주장하였다. 이러한 가정은 게이뤼삭의 실험이 암시하는 바에 대해 돌턴 자신이 제기한 모든 반대를 제거하였으므로 그에게는 이 가정의 올바름이 '증명'된 것처럼 보였다.

예컨대 1부피의 산소와 2부피의 수소가 결합하여 수증기가 생성되는 반응을 생각해 보자. 산소의 각 입자와 수소의 각 입자가 단일 원자가 아니라 두 원자들로 구성되어 있으며(이들을 O_2와 H_2로 나타내기로 하자), 두 기체 원소들의 같은 부피 중에는 각각 정확히 n개의 분자들이 들어 있다고 가정하자. 그러면 두 기체들이 반응하여 수증기가 되는 반응은 다음과 같다.

1부피 산소 + 2부피 수소 → 2부피 수증기

혹은

n입자 산소 + 2n입자 수소 → 2n입자 수증기

혹은

$$nO_2 + 2nH_2 \rightarrow n[H_4O_2] \rightarrow 2nH_2O$$

혹은

(간단히 나타내어)

$$O_2 + 2H_2 \rightarrow H_4O_2 \rightarrow 2H_2O^*$$

이 가정에 의해 원자의 순수성이 유지되며 수증기가 산소보다 가볍다는 사실이 설명된다. 우리가 지금 알고 있는 바와 같이 산소 원자는 수소 원자보다 그 무게가 약 16배가 되는데, 이것은 n분자의 H_2O 무게가 n분자의 O_2 무게의 18/32이 됨을 뜻한다.

현재는 아보가드로의 제안이 옳은 것으로 받아들여져 있다. 그러나 이 위대한 이탈리아인과 같은 시대 사람들 사이에서는 이것이 널리 수락되지 않았다. 거의 50년이 지난 뒤에 또 다른 이탈리아 과학자 카니차로(Stanislao Cannizzaro, 1826~1919)는 과학계에 「화학철학의 개요(Sketch of a Course in Chemical Philosophy)」를 내놓았는데 여기에서 그는 아보가드로의 주장과 결론을 아보가드로 이후에 축적된 많은 자료로 뒷받침하며 납득이 잘 가게 다시 진술하고 있다. 이리하여 원자 및 분자 이론이 한층 발전하고 현대에 와서 원자에너지의 이용과 우주의 정복을 가능하게 하는 실험들로 나아가는 길이 열린 것이다.

---

*아보가드로는 H_4O_2가 불안정한 중간 분자로서 즉시 두 분자의 H_2O로 분해하는 것으로 가정하였다.

3장
유별난 성질의 물리적 원인

'원인과 결과'란 무엇인가?

이 책의 1장에서 우리는 물질 혹은 화합물로서의 물의 특이
성들을 몇 가지 지적하였는데 이들은 물리화학자가 보는 물이
매우 유별난 물질이라는 우리의 주장을 정당화하고 있다. 이
장에서 우리는 지금까지 과학이 밝혀낸 이 특성들의 원인을 고
찰해 보겠다. 그러나 그 전에 먼저 그 의미가 매우 혼동되기
쉬운 '원인'과 '결과'라는 단어가 과학적 언어에서는 무엇을 뜻
하는지 가능한 한 밝혀 보는 것이 좋을 것이다.*

과학에서 A는 B의 원인이다, 혹은 B는 A 때문에 일어난다고
할 때 우리는 A가 B를 창조함을 뜻하지는 않는다. 성경의 창
세기에 나오는 창조와 같은 의미의 개념에는 목적을 가진 힘의
요소가 들어 있는데 이것은 과학의 인과율(Causality)에는 전
혀 들어 있지 않은 것이다. 과학자가 "A가 B를 일어나게 한다"
고 할 때 의미하는 것은 단순히 자연에서 일정한 조건하에 A
와 B가 언제나 일정한 공간적 및 시간적 서열로 연결되어 있어
서 만약 A가 일어나면 B도 일어나는 것으로 관찰된다는 것이

---

*안드라데(E. N. da C. Andrade, 1887~1971)는 그의 저서 『현대 물리
학에의 접근(An Approach to Modern Physics)』(Doubleday Anchor,
1957)에서(p. 247) '원인'이라는 단어가 플라톤(Platon, B.C. 427~347)
의 글에서는 64가지의 의미를, 아리스토텔레스의 글에서는 48가지의 의미
를 가지고 있다고 지적하였다.

다. 물론 한 과학자는 그의 실험을 왜 어떤 일이 그렇게 일어
나는가를 알아내기 위한 시도로서 기술하고 그 실험이 성공하
면 이것이 다른 어떤 것 때문에 일어난다고 결론지을 수 있다.
이 '다른 어떤 것'은 언제나 무엇이 일어나고, 그것이 어떻게
일어나는가에 대한 그 과학자의 처음 지식을 확장시킨 것이다.
과학자는 원인과 결과가 궁극적으로 서로 간에 연속적이며 각
각이 단일 과정의 일면인 것으로 보는 것이다.

　예를 들어 설명해 보자. 자유낙하하는 물방울이 구형을 갖는
것을 관찰하고, 독자가 과학자에게 그 이유를 물었다고 하자.
그는 '물이 큰 표면장력을 가졌기 때문'이라고 답변한다. 그러
면 독자는 즉시, 독자가 관찰한 현상에 대해 과학자가 원인이
라고 한 것은 단지 독자의 처음 관찰의 확장임을 알게 된다.
독자가 관찰한 것은 단순히 표면장력이 그 효과를 나타내는 것
이고, 그 결과(방울이 구형을 갖는 것)는 원인(표면장력)의 일면
인 것이다. 과학자는 낙하하는 표면장력이 큰 액체 방울은 구
형이 된다고 말한다. 과학자는 한 걸음 더 나아가 낙하하는 방
울이 그가 암시하는 자연법칙에 순종한다고 말할지 모르나, 이
렇게 말할 때 그가 의미하는 것은 독자가 교통규칙에 따라 차
를 몰 때 나타내는 순종과는 그 종류가 매우 다르다. 교통규칙
은 설득력과 강제력을 통해 교통의 흐름과 개인의 행동을 지배
하지만 자연법칙 혹은 과학법칙은 우리가 자연에서 관찰하는
것을 논리적으로 모순 없는 형태로 기술하는 것에 불과하다.
과학법칙이 기술하려고 하는 자연질서는 자연에서 어떤 것이
일어나게 하지는 않는다. 질서는 그냥 존재하는 것이고 자연적
으로 일어나는 모든 것은 그것의 일부이다.

이 장에서 왜 물이 그렇게 비정상적으로 큰 표면장력을 가졌는지, 왜 그것의 열적 성질이 그렇게 유별난지, 왜 그것이 거의 보편적인 용매로 작용할 수 있는지, 왜 그것이 다른 물질들을 적시는 독특한 능력을 가졌는지에 답하려고 할 때도 위와 같은 사실이 그대로 적용될 것이다. 각 해답은 단순히 그 특이성이 나타내는 것과 그것이 어떤 방식으로 나타나는지를 기술하는 것이어야 한다. 의도나 목적과 결부시켜 답해야 하는 '이유'는 무시해야 한다.

19세기 화학에서의 원자

우리는 18세기와 19세기 초의 원자론의 발달에 관해 이야기하였다. 물의 본질에 대한 계속적인 발견은 이 발달의 한 부분이었다. 우리는 둘 이상의 원자들의 조합을 화합물의 성분'입자'로 본 아보가드로의 분자관(分子觀)으로 앞 장을 끝맺었다. 그러나 우리는 이것이 결코 원자 및 분자론의 발달의 끝은 아님을 강조하였다. 반대로 이것은 시작에 지나지 않았다. 이제 우리는 이후의 발달을 대략 추적해 보겠다. 그 결과에 대한 이해는 물의 분자 구조와 그 결과로서 일어나는 행동에 대한 현대적인 개념을 이해하는 기초가 된다.

이 발달의 첫 단계는 여러 원소들의 원자량을 결정한 것이었다. 언뜻 보면 원자량을 결정하기란 너무나 어려워 불가능한 것으로 생각될지 모른다. 원자는 돌턴이 생각한 대로라도 무한히 작으며, 주어진 부피 안에 몇 개가 들어 있을지 19세기에는 아무도 추측할 수 없었다. 그러면 어떻게 원자의 무게를 잴 수 있었을까? 물론 원자 하나하나의 무게를 달 수는 없다. 그러나 다음 세 가지 이유로 원자량의 결정이란 매우 쉬운 일이었다. 첫째로, 무게는 크기와 마찬가지로 상대적인 성질이다. 이것은 사실상 상이한 물체들을 한 가지 표준 물질과 비교해 그 무게를 측정함으로써 결정되는 물체들 간의 정량적인 관계이다. 표준 물질로서는 선정된 단위를 엄격히 일정하게 유지하는 한 아무것으로나 정해도 좋다. 둘째로, 각 원소는 정의에 따라 같은 것끼리는 무게가 같고 다른 원소의 원자들과는 무게가 다른 원자들로 구성되어 있다(여기에서 동위원소는 고려하지 않겠다). 셋째로, 원소들은 일정한 비율로 화학결합을 한다. 그러므로 원자를 가장 가벼운 것부터 가장 무거운 것까지 차례로 늘어놓을 수 있었을 뿐만 아니라 각 원소에 일정한 값을 배당할 수 있게 되었는데, 정량화학의 방법들이 세련되어짐에 따라 이 값은 점점 더 정확해졌다. 이 값이 그 원소의 원자량이었다.

예를 들어 우리는 수소의 2단위 무게(그램 혹은 다른 단위)가 타면 18단위의 물이 생기며, 물의 화학식은 H_2O이므로 주어진 양의 물에는 수소의 수가 산소의 수보다 두 배만큼 들어 있음을 알 수 있다. 만약 우리가 수소 원자에 1의 원자량을 배당하면 산소의 원자량은 16이 되고, 이제 이런 방식으로 산소의 원자량을 결정하였으므로 그것과 결합하는 다른 원소의 원자량을 결정할 수 있다. 산소와 결합하는 원소들은 많다. 예컨대 구리는 127.2:16의 무게비로 산소와 결합하여 143.2단위의 산화구리(Cu_2O)를 형성한다. 이것은 구리 원자가 수소 원자보다 63.6배나 무거움을 뜻하고, 따라서 구리는 63.6의 원자량을 갖는다. 이것으로부터 우리는 같은 방법으로 구리와 결합하는 원소의 원자량을 결정할 수 있다. 황을 보면 이것은 32.1 무게단

위가 63.6단위 구리와 결합하여 95.7단위의 황화구리(CuS)를 생성한다. 이것은 황의 원자가 수소 원자 32.1개의 무게를 가진 것을 뜻하며, 다시 말하면 황의 원자량은 32.1이 된다. 그리하여 수천의 정량분석 실험들을 통해 알려진 모든 원소들의 결합무게들이 결정되었으며 이들로부터 각 원소의 원자량이 유도되었다.*

다음 단계는 주로 러시아의 화학자 멘델레예프(Dmitri Ivanovich Mendeléev, 1834~1907)가 이룩한 것이었다. 1869년에 그는 원소들을 원자량이 증가하는 순서로 늘어놓으면 성질의 주기성이 뚜렷이 나타난다는 획기적인 발견을 하였다.** 가장 가벼운 원소인 수소는 멘델레예프가 만든 체계에 들어맞지 않았으나 당시에 알려져 있었던 두 번째로 가벼운 원소, 리튬부터는 일람표를 아래로 읽어 내려갈 때 일곱 번째 원소마다 비슷

---

*여기에 추가할 것은 원자량들이 여기에서 기술한 방법으로 배당된 지 수십 년 후에 매우 정확한 물의 정량분석을 통해 산소 및 수소 원자량의 비가 1:16에서 거의 1%나 어긋나는 것을 발견했다는 사실이다. 올바른 비는 1.008:16이다. 그리하여 모든 원자량의 표준으로서 수소 대신에 산소를 쓰기로 결정하였는데 실제로 대부분의 원자량들은 산소의 원자량을 16으로 하여 결정한 것들이었다. 이 결정에 의해 다른 모든 원소의 원자량은 고칠 필요가 없게 되었고 수소의 원자량만 1에서 1.008로 수정되었다 (역자 주: 1959년에는 질량수가 12인 탄소의 동위원소를 원자량의 표준으로 결정하였다).
**실제로 멘델레예프의 연구는 독일의 되베라이너(Johann Wolfgang Döbereiner, 1780-1849), 프랑스의 드 샹쿠르투아(Alexandre-Emile Beguyer de Chancourtois, 1820~1886) 및 영국의 뉴랜즈(John Alexander Reina Newlands, 1838~1898)가 주요한 역할을 한 일련의 발견들의 완성이었다. 이들은 징검다리를 놓았고, 멘델레예프는 그 다리를 밟고 대발견을 이룩한 것이다.

한 화학적 성질을 가진 것을 발견하였다. 리튬은 금속이며, 이
것의 산화물은 물에 녹아 강한 염기가 된다. 일곱 원소 아래에
오는 것은 소듐인데 이것도 역시 금속이며, 그 산화물이 물에
녹으면 염기가 된다. 소듐에서 일곱 원소를 내려가면 포타슘이
있는데 이것도 염기를 내는 금속이다. 또한 이들에 인접한 원소
들도 비슷한 성질을 나타낸다(그림 3-1). 베릴륨은 원자량으로
따져 리튬 다음이고, 마그네슘은 소듐 다음이며 칼슘은 포타슘
다음인데, 이들은 공통적인 화학적 성질들을 많이 갖고 있으므
로 처음의 세 원소들이 같은 집단에 속하듯 이들도 한 집단에
속하는 것이 분명하였다. 사실상 리튬에서 시작하여 멘델레예프
가 알고 있던 처음 21개의 원소들을 각각 일곱 개의 원소들로
구성된 수평주기들에 넣고 이 줄들을 차례로 쌓아 놓으면 각각
화학적 본질이 일정하게 연관되어 있는 세 개의 원소들로 구성
된 일곱 개의 수직 열(列)이 생겼다. 보다 무거운 원소들은 이
처럼 간단하지는 않았다. 멘델레예프는 여기에서는 10원소의
주기와 7원소의 주기를 번갈아 놓을 필요가 있음을 발견하였다.
그러나 마침내 그는 주기성의 객관적 진리를 확신하였으므로,
용감하게도 그의 표에 그때까지 알려지지 않은 여섯 원소들의
자리를 남겨 놓았으며 이들의 일반적 성질들까지 기술하였다.
이 원소들 중 셋을 곧 발견하게 된 것은 멘델레예프의 위대한
승리였다*(나머지 셋은 후에 발견되었다). 그 후의 발견들로 원
래의 멘델레예프의 표(그림 3-2)가 수정되기는 하였지만 그의

---

*멘델레예프는 1871년에 미지의 원소들 중 하나를 에카규소(Ekasilicon)
라고 부르며, 그것의 발견을 예언하고 그것의 성질을 기술하였다. 1886년
에 분리되어 저마늄(Germanium)으로 명명된 이 원소의 실제 성질을 예
측된 성질과 비교하면 아래와 같다.

개념이 근본적으로 옳음을 확인해 주었으므로 그의 성공은 확고해졌다. 예컨대 비활성기체들의 발견으로 주기가 한 원소 더 길어졌으나 일단 처음 둘(헬륨과 아르곤)이 발견되어 첫째 및 셋째 주기 끝에 놓이게 되자, 나머지 넷(네온, 크립톤, 제논 및 라돈)의 발견을 확신을 갖고 예언할 수 있었으며 주기율을 적용함으로써 발견하기도 쉬워졌다.

이는 원자 및 분자 이론의 세 번째 단계까지 화학과 물리학을 분리해 놓았던 장벽을 단번에 무너뜨렸다. 이 단계는 원자의 구조, 본질 및 행동에 대한 과거의 모든 생각들을 크게 수정하였다.

19세기가 끝날 때까지 화학자들은 원자(영어의 Atom은 '쪼개지지 않는'을 뜻하는 그리스어에서 나왔다)가 뉴턴의 말을 되풀이해서 '결코 닳거나 조각으로 부서지지 않을 정도로 단단한' 지극히 작은 자갈 같은 입자라는 옛날 생각에 집착해 있었다. 모든 원소는 한 독특한 종류의 원자들로 구성되어 있으며 두 다른 원소들의 원자들은 예를 들면 크기가 정확히 같지 않았고, 이 궁극 입자들은 지극히 단단하기 때문에 중세의 연금술사들이 달성하려고 노력했던 그러한 원소의 변환은 일어날 가능성이 없었다. 원자는 쪼개거나 자르거나 혹은 다른 어떤 방

에카규소	저마늄
원자량 72, 밀도 5.5	원자량 72.6, 밀도 5.46
산화물 EsO_2, 밀도 4.7	산화물 GeO_2, 밀도 4.7
염화물 $EsCl_4$, 100℃ 약간 이하에서 끓는 액체, 밀도 1.9	염화물 $GeCl_4$, 86℃에서 끓는 액체, 밀도 1.887
황화물 EsS_2, 물에는 녹지 않고 황화암모늄에 녹는다.	황화물 GeS_2, 물에는 녹지 않고 황화암모늄에 잘 녹는다.

SERIES	I R₂O	II RO	III R₂O₃	IV RO₂	V RH₃ R₂O₅	VI RH₂ RO₃	VII RH R₂O₇	VIII RO₄
SERIES 1	H=1 HYDROGEN							
SERIES 2	Li=7 LITHIUM	Be=9.4 BERYLLIUM	B=11 BORON	C=12 CARBON	N=14 NITROGEN	O=16 OXYGEN	F=19 FLUORINE	
SERIES 3	Na=23 SODIUM	Mg=24 MAGNESIUM	Al=27.3 ALUMINUM	Si=28 SILICON	P=31 PHOSPHORUS	S=32 SULFUR	Cl=35.5 CHLORINE	
SERIES 4	K=39 POTASSIUM	Ca=40 CALCIUM	—=44	Ti=48 TITANIUM	V=51 VANADIUM	Cr=52 CHROMIUM	Mn=55 MANGANESE	Fe=56 IRON Co=59 COBALT Ni=59 NICKEL Cu=63 COPPER
SERIES 5	(Cu=63) COPPER	Zn=65 ZINC	—=68	—=72	As=75 ARSENIC	Se=78 SELENIUM	Br=80 BROMINE	
SERIES 6	Rb=85 RUBIDIUM	Sr=87 STRONTIUM	?Y=88 YTTRIUM	Zr=90 ZIRCONIUM	Nb=94 NIOBIUM	Mo=96 MOLYBDENUM	—=100	Ru=104 RUTHENIUM Rh=104 RHODIUM Pd=106 PALLADIUM Ag=108 SILVER
SERIES 7	(Ag=108) SILVER	Cd=112 CADMIUM	In=113 INDIUM	Sn=118 TIN	Sb=122 ANTIMONY	Te=125 TELLURIUM	I=127 IODINE	
SERIES 8	Cs=133 CESIUM	Ba=137 BARIUM	?Di=138	?Ce=140 CERIUM	—	—	—	
SERIES 9	—	—	—	—				
SERIES 10			?Er=178 ERBIUM	?La=180 LANTHANUM	Ta=182 TANTALUM	W=184 WOLFRAM	—	Os=195 OSMIUM Ir=197 IRIDIUM Pt=198 PLATINUM Au=199 GOLD
SERIES 11	(Au=199) GOLD	Hg=200 MERCURY	Ti=204 THALLIUM	Pb=207 LEAD	Bi=208 BISMUTH	—	—	
SERIES 12				Th=231 THORIUM		U=240 URANIUM		

〈그림 3-1〉 1872년에 러시아의 위대한 화학자 멘델레예프가 여기에 나와 있는 형태로 발표한 주기율표는 원소들을 족(族)으로, 그리고 원자량의 순으로 묶어서 원소들의 화학적 성질의 주기성이 나타나도록 배열하였다. 표에서 보는 바와 같이 빈칸을 남겨 둠으로써 당시에 알려져 있지 않은 원소들이 발견되어 그 자리들을 채울 것을 예언한 것은 멘델레예프의 대담한 공헌이었다

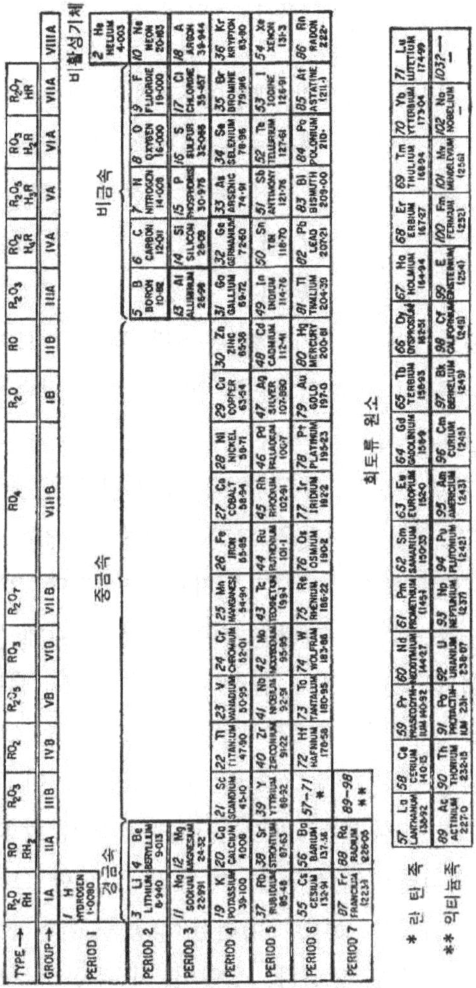

〈그림 3-2〉 현대 주기율표는 원소들을 원자량 순이 아니라 원자번호 순으로 늘어놓은 점에서 멘델레예프의 표와 다르다(원소의 원자번호는 핵에 들어 있는 양성자의 수와 같다). 물론 이 현대 주기율표에는 멘델레예프 시대 이후에 발견된 천연 원소들과 2차 세계대전 후에 인공적으로 만들어진 원소들도 들어 있다

식으로 그것의 모양과 조성을 변화시킬 수 없었다. 그것은 창조의 순간에 가졌던 모양 그대로 영원히 남아 있어야 했다. 화학자에게는 이러한 원자의 개념이 그의 실험들에 의해 충분히 확인된 것으로 보였다. 원소들이 일정한 무게비와 부피비로 화합물을 형성하는 것, 일반적인 물질 보존의 법칙, 멘델레예프의 주기율표—이 모든 것이 뉴턴과 돌턴이 기술한 그런 종류의 궁극적 입자가 존재함을 나타내는 것 같았다.

그러나 화학자에게는 이처럼 분명한 것으로 보이고 매우 유용한 원자 개념이 19세기의 물리학자에게는 그렇게 마음에 들지 않았다. 그가 물질과 에너지에 관한 연구, 즉 역학, 열, 빛, 전기 등에 관한 연구를 추구할 때 이 개념은 문제의 해결이 되지 못하였다. 오히려 이것은 그가 답변할 수 없는 질문들을 제기하였다. 그는 물질이 작은 입자로 구성되어 있다는 것에는 쉽게 동의하였는데, 그 까닭은 이것이 액체, 기체 및 고체의 물리적 성질들에 대한 그의 관찰과 일치하였기 때문이다. 그는 이 입자들을 '분자들'이라고 부르기까지 하였다. 그러나 분자들이 화학자들이 주장하는 것처럼 둘 혹은 그 이상의 원자들의 조합이라는 것은 물리학자에게는 이해가 되지 않았고 물리학의 잘 확립된 법칙들로서 설명할 수 없었다. 또한 그는 그의 분야에 존재하는 지식을 토대로 이러한 행동을 설명하는 새로운 법칙들을 발명할 수도 없었다. 무엇이 이 무한히 작은 입자들을 한데 결합시키는가? 만약 이들이 실제로 화학에서 주장하는 것처럼 그렇게 단단하고 뚫을 수 없고 변할 수 없는 것이라면 무슨 힘이 이들을 한데 묶어 놓을 수 있을까? 이것은 완전히 원자들 자신에 속하지 않는 어떤 힘이어야 할 것이다. 그리고 왜 원자량은 모든 종류의 화학적 행동을 결정할 정도로 중요한 양인가? 이런 질문들 때문에 많은 물리학자들은 원자를 화학에는 유용하나 물리학에는 쓸모가 없는 허구(虛構)에 불과한 것으로 결론지었다. 일부 화학자들도 원자를 쓸모없는 개념으로 생각하고 결합무게만을 토대로 하여 이론을 세우려고 하였다.

실제로 물리학자는 돌턴이 생각한 그런 종류의 원자가 존재하지 않음이 확립될 때까지 물질에 대한 그의 체계 중에 화학적 원자가 들어갈 적당한 자리를 찾지 못했다.

물질에 대한 전혀 새로운 개념을 낳게 한 이상한 단서들이 발견된 것은 돌턴의 후계자들의 시험관 내에서가 아니라 물리학자들의 음극선관 내에서였다. 이것은 〈그림 3-3〉과 같이 내부를 진공으로 만들어 봉해진 유리관 속에 전류가 통할 수 있게 해 놓은 간단한 장치이다. 1896년 초에 독일인 뢴트겐(Wilhelm Röntgen, 1845~1923)은 이러한 관에서 나타나는 신기한 형광 성질을 연구하다가 X선을 발견하였다. 그는 이것이 무엇인지 알지 못했으나(그래서 X선이라 불렀다) 그의 발견이 중대한 것과 그때까지의 이론이 이 현상을 설명할 수 없다는 것은 명백하였다.

몇 주 안에 프랑스의 화학자 베크렐(Henri Becquerel, 1852~1908)은 뢴트겐의 발견에 힌트를 얻은 한 연구에 착수하였다. 아주 우연히 그는 우라늄 광석이 뢴트겐의 X선과 다른 투과성이 강한 이상한 선을 내는 것을 발견하였다.

한편 영국의 위대한 물리학자 톰슨(Joseph John Thomson, 1856~1940)은 음극관 내의 전기 방전에 대한 연구에 열중하고 있었다. 수많은 실험과 계산을 거친 후 그는 1897년에 음극관

78

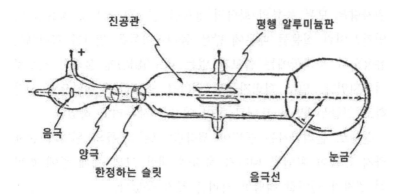

진공관
평행 알루미늄판
음극
양극
한정하는 슬릿
음극선
눈금

〈그림 3-3〉 톰슨이 전자의 발견 때에 사용한 형의 음극선관을 여기에 대략 그려 놓았다. 이것은 내부가 진공이 되게 봉한 유리관이다. 음극을 전지나 다른 전원의 (−)극에, 양극을 (+)극에 연결하면 전자들이 음극에서 양극으로 흐른다. 양극의 슬릿과 한정하는 슬릿을 통과한 다음에 전자들은 선(점선으로 표시한 것)을 형성한다. 평행판들에 전압을 걸어 주면 이 선이 굽어지는데 이 굽어짐을 눈금으로 읽을 수 있다

을 통과하는 전기가 음성이며 개개 입자들에 의해 일정한 양씩 운반되는 것을 자신 있게 발표할 수 있었다. 그는 이 입자에서 질량과 전하의 비를 계산하여 수소이온의 질량과 전하의 비의 1/1,000밖에 되지 않음을 알았다. 이것으로 원자가 분리될 수 없다는 것은 사실이 아니며 음전하 운반체인 전자는 원자의 한 성분입자라는 결론을 내리지 않을 수 없었다.

베크렐이 우라늄에서 나오는 투과성이 강한 선을 발견한 것에 자극되어 행해진 연구에서 새로운 발견들이 이뤄졌다. 그의 발견 3년 후에 퀴리 부부가 파리에서 엄청난 양의 화학분석을 완료하여 두 개의 새로운 원소들, 폴로늄과 라듐의 발견을 발표하였다. 이 중 라듐은 우라늄 광석보다 100만 배나 강한 방

사선을 방출하였다.

이 발견들은 원자가 절대로 변하지 않는 단단한 입자라는 낡은 개념의 종말을 의미하였다. 이러한 선을 방출하는 현상을 방사능이라고 부르게 되었는데, 이것은 원소의 변환이 불가능한 것이 아니라 자연붕괴하는 무거운 원소들에서 항상 진행되고 있음을 뜻하였다. 방사성 원소는 계속 붕괴되어 원자량은 작으나 같은 화학적 성질도 다른 전혀 별개의 원소로 변한다. 새로 만들어진 원소는 이 과정을 계속하여 일련의 동위원소들을 거쳐 보다 가벼운 다른 원소로 붕괴할 수 있다. 실제로 천연 방사성 물질들은 세 방사성 계열들로 분류할 수 있는데, 라듐과 폴로늄이 속하는 **우라늄 계열**, **토륨 계열** 및 **악티늄 계열**이 그것이다(첫 원자탄을 제조하다가 발견된 인공적으로 만들어진 **넵튜늄 계열**이 네 번째의 계열이다). 이 계열들은 모두 납의 비방사성 동위원소로 끝나는데 이것은 보통 납과 원자량만이 약간 다르다.

20세기 물리학에서의 원자

우리가 앞에서 말한 바와 같이 전자와 원소의 변환의 발견은 낡은 원자 개념을 영원히 파괴하였다. 그러나 과학에서 언제나 그러하듯이 낡은 것을 파괴시킨 과정은 직접 새로운 것의 창조로 이끌어 갔음을 지적하고자 한다. 방사성 물질을 방출하는 신비한 방사선에 대한 연구가 곧 시작되었다. 이것은 곧 지금까지 상상하지 못했던 원자물리학 혹은 원자핵물리학의 세계를 열었다. 이 책에서 이 영역으로 깊이 들어갈 필요는 없으나 물의 특이한 성질들을 이해하기 위해서는 그것의 경계선을 넘어

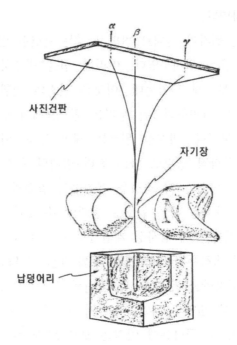

α β γ

사진건판

자기장

납덩어리

〈그림 3-4〉 초기 방사능 실험에서는 그림과 같은 장치로 자기장에 의한 알파 및 베타선의 구부러짐을 측정하였다. 그림에서 보인 바와 같이, 감 마선은 구부러지지 않고 자기장을 통과하였다

들어가기는 해야 한다.

　방사성 물질에서 나오는 선들은 곧 그 종류가 다른 것이 밝혀졌다. 이들을 강한 자기장을 지나 사진건판으로 보내면 이들은 세 흐름들로 분리되어 건판에 세 개의 다른 선들을 노출시킨다. 여기에서 이것을 좀 설명하기로 하겠다. 독자가 아는 바와 같이 전하에는 **양전하**와 **음전하**가 있으며(프랭클린(Benjamin Franklin, 1706~1790)이 이런 이름을 붙였다) 같은 전하들은 반발하고 다른 전하들은 서로 끌어당긴다. 전하가 움직일 때 전하

는 19세기 초에 프랑스의 물리학자 앙페르(André Ampére, 1775~1836)가 발견했듯이 전류가 되며, 전류는 자기장 내에서 전류의 방향과 자기장의 방향 둘 다에 수직인 방향으로 굽어진다. 그러므로 우리가 방금 말한 실험에서(그림 3-4), 어떤 선들이 왼쪽으로 굽은 것은 이 선들이 양전하를 띠고 있음을 나타낸다. 이들은 알파(α)선이라고 불렸다. 반대 방향으로 구부러진 것은 음전하를 띠는데 이들은 베타(β)선이라고 불렸다. 구부러지지 않은 것은 전하를 갖지 않은 것으로 생각되었으며 감마(γ)선이라 불렸다.

그런데 알파선의 속도는 어떤 방사성 물질로부터 나오는가에 따라 다르기는 하였지만, 당시의 표준으로는 언제나 엄청나게 빨랐다. 가장 느린 것이 초속 14,000㎞였고 가장 빠른 것은 초속 20,000㎞였으며 이런 빠른 속도 때문에 이 비교적 무거운 입자가 1900년대 초기에는 놀라울 정도로 큰 투과력을 나타냈던 것이다. 이러한 이유로 러더퍼드(Ernest Rutherford, 1871~1937)는 곧 이것을 매우 얇은 금속박에 충돌시키는 실험(그림 3-5)을 행하였는데 이것은 과학의 역사 전체를 통틀어 가장 중요한 실험 중의 하나였다. 그는 거의 모든 α 입자들이 예상했던 바와 같이 거의 구부러지지 않고 금속을 통과했으나 일부는 그러지 않았음을 발견하였다. 그들 중 소수는 직선 코스에서 큰 각도로 벗어났으며 간혹 한두 개는 실제로 알파원(源) 쪽으로 되돌아왔다. 러더퍼드는 후에 다음과 같이 기술하였다.

이것은 마치 15인치 포탄을 휴지 조각에다 쏘았더니 되돌아와서 쏜 사람을 맞춘 것과 같이 믿을 수 없는 일이었다.

그는 즉시 크게 구부러진 알파선들은 적어도 같은 크기의 질량을 가진 양전하 입자와 충돌한 것으로 추론하였다. 다른 물질들을 목표물로 써서 같은 실험을 되풀이해 본 결과 그는 모든 원자가 좁은 공간에 밀집해 있는 양전하의 중심을 갖고 있고, 또한 이 중심에 전 질량의 대부분이 들어 있음을 확신하게 되었으며 과학계도 이러한 사실을 받아들이게 되었다. 이 실험으로부터 러더퍼드는 원자의 **핵**(Nucleus)이 존재하고 이것의 양전하가 **전자**라고 불리는 음전하를 가진 많은 입자들과 전기적 중성을 이루는 것으로 가정하였다.

곧 방사선의 근원이 원자핵이며 방사능은 핵붕괴의 한 과정임이 드러나게 되었다. β선은 각각이 음전하 1단위를 가지고 있는 전자이다. α선은 헬륨핵으로 밝혀졌는데 이것은 러더퍼드와 그의 보조 연구자가 α 입자를 한 장의 유리를 통해 도망할 수 없는 상자 속으로 쏘는 실험을 하여 발견한 것이었다. 이 상자는 점차로 헬륨 기체로 채워졌는데 이것은 α 입자가 유리판을 통과할 때 전자를 얻었음을 나타낸다. α 입자에는 두 개의 양성자가 들어 있으며 이들은 각각 1단위의 양전하를 갖고 있다. 감마선은 X선과 비슷하나 진동수가 더 큰 것이 발견되었다.

얼마 후 덴마크의 물리학자 보어(Niels Bohr, 1885~1962)는 원자핵이 태양 역할을 하고 전자들이 행성들처럼 원자핵 주위를 돌고 있는 태양계와 비슷한 원자 구조를 생각해 냈다. 이 구조는 그 후 발달하는 원자핵물리학과 보조를 맞추어 크게 수정되었다. 일례를 들면 우리는 지금 전자가 이중성(二重性)을 나타내는 것을 알고 있는데 이것은 수학적으로 기술하기도 힘들고 더욱이 보통 언어로는 어떻게 표현할 수가 없다. 이 개념

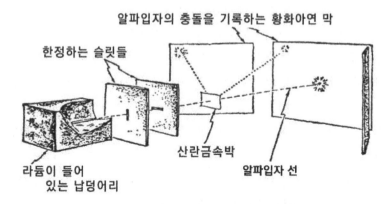

〈그림 3-5〉 러더퍼드는 얇은 금속박을 α 입자 선으로 충돌시키는 실험에서 입자들의 산란을 증명하였다. 납덩어리 중의 라듐이 작은 구멍을 통해 α 입자를 방출하고, 이 입자들이 슬릿들을 통과함으로써 선 (Beam)이 되어 금속박을 지나 황화아연막에 충돌하였다

에는 입자적 및 파동적 행동들이 내포되어 있으며 이 개념에 의하면 전자는 완전히 우리의 경험 밖에 있는 무엇으로 나타난다. 그러나 1913년에 나온 보어의 이론은 원자를 그림으로 나타내는 하나의 방식으로 아직도 쓰이고 있으며 이 책에서도 그런 목적으로 이용할 것이다.

실제로 보어의 첫째 결과는 수소 원자의 수학적 모형이었는데 그는 수소 원자가 양전하를 띤 양성자 하나와 그 주위를 돌고 있는 음전하를 띤 전자(전자의 질량은 양성자의 질량의 약 1/2,000이다)로 구성되어 있는 것으로 가정함으로써 수소 원자의 본질과 행동을 설명하였다. 보어가 그의 이론을 무거운 원소들에 적용하려고 하자 심한 난관에 부딪쳤다. 그러나 그는 원자핵 내의 양성자의 수(중성의 원자에서 원자핵 바깥에 있는 전자수와 동일하며, 이것을 원자번호라 부른다)가 원소를 원자량의 순으로 배열했을 때의 순서와 대략 일치함을 발견하였다. 그리하여 가장 가벼운 원소인 수소의 원자번호는 1인데 이것은 수소핵 내에 양성자가 한 개만 들어 있음을 뜻한다. 다음으로 가벼운 헬륨의 경우에는 같은 방식으로 원자번호 2가 되며 이 것은 핵이 두 개의 양성자를 갖고 있음을 뜻한다. 리튬은 세 개의 양성자를, 베릴륨은 네 개의 양성자를, 붕소는 다섯 개의 양성자를 가지고 있으며 이런 식으로 쭉 계속된다. 우라늄 원 자는 원자핵 내에 92개의 양성자들을 갖고 있으며, 따라서 92 개의 전자들이 원자핵 주위를 돌고 있다.

여기에서 추가해 두어야 할 것은 원자핵 중의 양성자는 그 수가 원자번호와 같으나 원자핵의 질량의 전부를 차지하고 있 지 않다는 점이다. 만약 양성자가 핵의 유일한 구성 입자라면 동위원소(같은 종류의 원소이나 원자량이 다르다)라는 것이 존재 할 수 없을 것이다. 이러한 경우에는 원자량이 감소하면 그에 따라 원자핵의 전하가 감소할 것이고 이것에 수반하여 전자의 구조도 바뀔 것이므로 화학적 행동이 달라질 것이다. 그러나 동위원소가 실제로 존재하며 원소의 원자량이란 자연에 존재하 는 동위원소들의 무게의 평균임이 밝혀졌다. 그러므로 양성자 가 아닌 핵자(核子)들이 존재하는 것이다.

이들의 존재에 대한 증거는 이것만이 아니다. 원자핵에 관한 연구의 결과로부터 핵의 구조가 실제로 매우 복잡함이 밝혀졌다. 이 연구의 한 중요한 도구는 중성자(Neutron)라고 불리는 한 핵 자이다. 러더퍼드는 1920년 경에 중성자의 존재를 가정하였으며 그의 보조 연구자 채드윅(James Chadwick, 1891~1974)이 1932년에 이것을 발견하였다. 이름이 암시하듯이 중성자는 전하를 갖지 않는다. 그러나 이것은 질량을 갖고 있으며 대부분의 원소들의 총질량 중 큰 부분을 차지하고 있다. 중성자는 원자의 비밀을 탐구하는 데 있어 독특한 이점을 갖고 있다. 전하를 갖고 있지 않으므로 전자기장을 통과할 때 구부러지지 않는다. 양성자와 전자에 의해서도 끌리거나 반발하지 않으므로 중성자는 특별히 큰 투과력을 갖고 있다. 이것은 원자에 대한 특수한 탐구에 적절하게 여러 가지 방식으로 속도를 늘이거나 줄일 수 있으며 인공 방사능을 유발하고 간혹 연쇄반응을 개시하는 데 있어 가장 주요한 도구로 쓰이고 있다.

바로 앞에 있는 문단을 읽고 독자가 의문을 갖게 되었을지도 모르므로 여기에서 또 추가해 두어야 할 것은 전기적 인력과 반발력에 대한 쿨롱* 법칙은 원자 전체로서의 행동과 방사성 핵으로부터 방출되는 하전된 입자들의 행동은 정확히 기술하지만 안정한 핵 중의 입자〔**핵자**(Nucleon)라고 부른다〕들의 행동을 기술하는 데는 부적절하다는 점이다. 실제로 다른 아무 힘이 없이 쿨롱 힘만 작용한다면 원자핵은 두 개의 양성자들도 갖지 못할 것이다. 왜냐하면 이들이 심하게 반발할 것이기 때문이다. 이들이 반발하지 않을 뿐 아니라 어떤 원자핵에서는 100개에 가까운 양성자들이 매우 밀집된 상태로 존재할 수 있다는 사실은 소위 **핵력**(核力)으로 설명한다. 이 핵력들은 매우 가까운 거리에서만 작용하여 핵자들을 한데 묶어 놓는 힘, 혹은 핵을 붕괴시키려면 극복해야 하는 결합에너지를 제공하는데 이 힘들은 원자핵의 크기에 반비례한다. 원자번호가 50 근방인 원자핵에서는 결합에너지가 핵자당 약 880만 eV에 달하지만

---

*역자 주: Charles Augustin de Coulomb, 1736~1806

보다 큰 핵에서는 760만 eV로 감소한다. 왜 그럴까? 분명히 매우 밀집된 핵에서는 핵력에 의해 압도되는 쿨롱 반발력이 멀리 떨어진 핵자들 간의 간격이 커짐에 따라 점점 더 중요해질 것이다. 그러므로 중간 크기의 원자핵과 큰 원자핵 사이의 120만 eV에 달하는 결합에너지의 차이는 쿨롱 반발력이 핵력에 반대하는 효과를 나타내는 것으로 볼 수 있다. 이것은 어떤 점에서 두 반대하는 힘이 같아져서 안정한 최대의 핵의 경계면을 이루게 될 것을 암시한다.

어쨌든 핵자에 미치는 핵력은 물방울의 구형을 결정하는 것과 비슷한 원자핵의 표면 효과를 일으킨다. 내부의 모든 핵자들은 모든 방향으로 같은 힘으로 끌리고 표면에 있는 핵자들은 바깥쪽보다 안쪽으로 더 강하게 끌리므로 표면장력 효과가 생긴다. 이런 까닭에 원자핵이 마치 물방울처럼 행동하는 것으로 논의할 수 있게 되었으며(원자핵의 액체 방울 모형이라 부른다), 물리학자들은 이 모형을 써서 원자핵의 융합 및 분열과정을 눈앞에 그려 볼 수 있다.

1936년에 보어가 처음으로 이런 비유를 하였으며 그 후의 연구로 이것의 유용성이 입증되었다. 그 표면을 침투할 수 있을 정도로 큰 에너지를 가진 입자와 충돌하면, 원자핵은 마치 물방울이 작은 총알을 맞은 것처럼 행동한다. 이것은 '총알'의 크기 및 에너지에 따라 '증발하거나' 혹은 '조각들로 분쇄된다'. 핵자들은 그 에너지를 공유하게 되어 '가열되며', 만약 '열적 동요'가 충분히 크면 충분한 열을 받았을 때 물 분자들이 그리하듯 핵자들도 떨어져 나간다. 원자핵의 부피는 원자핵의 무게에 비례하므로 가장 무거운 핵들은 큰 물방울처럼 행동한다.

'총알'에 맞으면 이들은 진동하다가 둘 혹은 그 이상의 구형 방울들로 쪼개진다.*

그럼 전자는 어떻게 되는가? 독자는 이런 의문을 가질 것이다. 음전하를 가진 전자가 양전하를 띤 원자핵으로 끌려들지 않게 막아 주는 것은 무엇인가? 앞에서 말한 러더퍼드—보어의 개념에 따르면 그것은 전자의 속도이다. 이 개념에 의하면 실제로 전자는 달이 계속해서 지구로 떨어지고 있는 것과 마찬가지로 계속해서 원자핵으로 떨어지고 있다. 그러나 안쪽으로 떨어지지 않고 일정한 궤도를 유지하는 것은 전자가 앞으로 진행하고 있기 때문이다. 그러나 전자의 경우에는 이에 필요한 속도가 초당 수백 km에 달하는 엄청난 속도인데 이것은 전자가 초당 핵을 10^{15}번이나 돌고 있음을 뜻한다.

새 물리학과 주기율표

이 모두로부터 나오는 원자의 모양(이것은 매우 단순화한 것이므로 정확한 표현으로 생각해서는 안 된다)은 상식과는 잘 맞지 않는다. 첫째, 우리는 원자의 입자, 즉 전자, 원자핵 혹은 원자핵의 구성 입자가 단단한 자갈 같은 구조를 가진 것이 아니라 전기력(電氣力)의 중심임을 되풀이해서 강조하고자 한다. 그러므로 그 입자의 크기에 대해서 말할 때 우리는 귤이 공간을 차지하는 것처럼 완전히 채워진 공간을 말하는 것이 아니라 전기력의 중심에 의해 지배되는 공간을 의미한다.

---

*안드라데는 그의 『현대 물리학에의 접근(An Approach to Modern Physics)』, pp. 211-219에서 이 모든 것을 보다 자세하게 논의하고 있다. 이 책을 독자에게 적극 권장하는 바이다.

원자의 크기에 대한 미묘하고 간접적인 측정으로부터 우리는 예컨대 산소 원자를 10^{12}배 확대하면 8개의 양성자와 8개의 중성자로 구성되어 있는 산소의 원자핵은 콩알만 한 크기의 구형임을 발견하게 될 것을 알고 있다. 이것 주위에 8개의 전자들이 돌고 있는데 가장 먼 것이 약 100m 떨어져 있고 각각의 크기는 귤만 할 것이다. 그러나 각 전자에 귤의 무게를 배당하면 콩알만 한 크기의 원자핵은 그 밀도가 물방울의 밀도의 5×10^{14}배나 되므로 상대적으로 1톤의 무게를 가짐을 발견할 것이다. 그러므로 산소 원자는 다른 모든 원자들과 마찬가지로 (그리고 우리의 태양계와 마찬가지로) 거의 대부분이 빈 공간으로 되어 있다. 설리반(J. W. N. Sullivan)은 그의 『과학의 한계 (The Limitations of Science)』(Mentor)에서 말했다.

만약 사람의 몸의 모든 원자들을 응축시켜 빈 공간이 하나도 남지 않게 하면 몸은 눈에 겨우 보일 정도로 작은 점이 될 것이다.

이것은 우리의 일반적인 물질관에 비추어 매우 이상하게 보이지만 보어의 원자 개념을 수정한 새로운 모형에서는 더욱더 이상한 것이 많다. 예를 들어 수소 원자 중의 전자는 보어가 가정한 것처럼 양성자의 주위를 고정된 원자궤도를 따라 도는 것이 아님이 발견되었다. 그 대신 전자는 어떤 때는 원자핵에 매우 가까이 오고 어떤 때는 비교적 멀리 떨어지면서 다소 제멋대로 움직이는 것 같다. 그러나 전자가 움직이는 속도가 너무나 커서 실질적으로는 반경이 약 $1\text{Å}(=10^{-8}\text{cm})$인 구형의 공간을 차지한다. 폴링의 말을 빌리면 다음과 같다.

그러므로 우리는 수소 원자를 전자가 핵 주위를 빨리 돌면서 차지하는 공간으로 정의되는 흐물흐물한 구의 중심에 무거운 원자핵을 가진 것으로 볼 수 있다. 이 흐물흐물한 구의 지름은 약 2Å이다.

그렇지만 수소에서 전자가 발견될 확률이 가장 큰 위치는 보어가 고정된 궤도를 가정하고서 얻은 것과 같이 원자핵으로부터 0.529Å 떨어진 곳이다.

다른 보다 무거운 원자의 경우에도 이와 비슷한 것이 성립한다. 흔히 원자를 원자핵에 중심을 둔 전자구름으로 표현한다. 구름 중의 전자 수는 원자핵 중의 양전하(양성자) 수에 의해 결정되는데 중성의 원자에서는 이들의 수가 같다. 어떤 순간에 전자의 위치를 정확히 결정하는 것은 절대로 불가능하다. 위치를 결정하려는 실험 자체에 의해 전자의 행동이 예측할 수 없는 방식으로 교란되기 때문이다. 그러나 어느 순간에 전자가 발견될 확률이 가장 큰 영역은 결정할 수 있다. 이러한 영역들은 원자핵 주위에 껍질들을 형성하는 것으로 상상할 수 있으며 화학반응에 관여하는 전자들은 보통 가장 바깥쪽 껍질에 있는 전자들이다.

그러므로 원자의 화학적 성질은 원자핵에 의해서 결정되는데 원자핵 중의 양성자들로 말미암아 양전하가 생기고 양성자와 중성자의 무게를 합친 것이 실질적으로 그 원자의 무게에 해당한다. 그러나 화학반응에 직접 관여하는 것은 매우 가벼운 전자들이다.

중성의 원자가 바깥쪽 껍질로부터 전자들을 상실하면 그것은 잃어버린 전자 수와 같은 수의 전하를 가진 양이온이 된다. 반대로 바깥쪽 껍질이 전자들을 얻게 되면 얻은 전자 수와 같은 수의 전하를 가진 음이온이 된다. 또한 두 원자들이 결합하여 분자를 형성할 때는 그것이 H_2와 같이 동종의 원소로 이루어진 분자이든 H_2O와 같은 화합물이든 일반적으로 바깥쪽 전자들을 공유함으로써 결합을 형성한다.

더구나(이제 우리는 이 장의 중심 문제에 접근하고 있다) 바깥쪽 껍질이 전자를 얻거나 잃는 경향은 원소에 따라 다른데 여기에는 일정한 규칙이 있다. 이것에 대한 과학적인 이유는 양자론에서 배타원리를 써서 설명하는데 수학을 쓰지 않고 이것을 설명하려면 많은 지면이 필요하다. 그러나 원소의 주기율표에 나타나 있는 그 규칙 자체는 매우 간단하다.

우리가 얻은 새로운 지식을 참고삼아 다시 주기율표를 보기로 하자.

첫 주기에는 두 개의 원소들, 즉 수소와 헬륨만이 들어 있다. 우리의 이론에 의하면 수소는 한 개의 전자를, 헬륨은 두 개의 전자를 갖고 있다. 수소는 화합을 잘하는 활성기체인 반면에 헬륨은 전혀 화학반응을 하지 않는 비활성기체이다. 둘째 주기에는 리튬(원자번호 3)에서 시작해서 네온(원자번호 10)에서 끝나는 8개의 원소들이 들어 있다. 리튬은 쉽게 화합하는 연한 알칼리금속이고, 네온은 헬륨과 같은 비활성기체이다. 8개의 원소들로 구성된 셋째 주기도 역시 연한 알칼리금속인 소듐(11번)에서 시작해서 비활성기체인 아르곤(18번)으로 끝난다. 넷째 주기는 포타슘(19번)에서 크립톤(36번)까지 가는 보다 긴 주기이지만 앞의 것들과 마찬가지로 연한 알칼리금속으로 시작해서 비활성기체로 끝난다. 이 주기의 중간에 끼여 있는 것은 새로운 유형의 원소들인데 이들은 앞의 어떤 원소들과도 다른 성질을 가지고 있으나 다음에 오는 역시 18개의 원소로 구성된 주기의 중간에 있는 원소들과 비슷한 성질을 가지고 있다. 이 다섯 번째 주기는 앞의 양식을 되풀이하여 연한 알칼리금속인 루비듐(37번)에서 시작하여 비활성기체인 제논(54번)으로 끝난다. 여섯 번째 주기는 매우 길고 복잡하다. 이것은 세슘(55번)에서 시작해서 라돈(86번)에서 끝난다. 다시 말하면 이 주기에는 32개의 원소들이 들어 있는데 이 중 마지막 것은 라듐의 원자핵 분열 생성물이다. 그러나 이것도 세슘이 알칼리금속이고 라돈이 비활성기체라는 점까지는 앞의 주기들과 비슷하다. 일곱 번째이자 마지막 주기의 원소들은 모두 방사성이어서 그들의 지나친 무게를 분열에 의해 줄이고 있다. 이들은 위에서와 같은 양식으로 다룰 수 없다.

그러나 전체적인 양식은 전자 구조의 양식임이 분명하다.

주기율표는 2, 10, 18, 36, 54 및 86개의 전자의 배치가 특히 안정함을 보여 준다. 이러한 전자배치를 가진 원자의 원자핵들은 그들이 가지고 있는 전자들만 고수(固守)하고 더 많은 전자를 받아들이려 하지 않는다. 말하자면 이들은 자기 자신으로 충분히 만족하여 활성을 나타내지 않는다. 이들은 그들과 다른 전자 구조를 가진 원자들과 경쟁하거나 협동하려 하지 않는다. 고립된 것에 만족하면서 평온하게 비활성으로 남아 있는 것이다. 이러한 평온은 죽음에 가까운 것으로 보이지만 인간세계에서와 마찬가지로 물리적 세계에서도 불균형과 불완전의 고통을 겪고 있는 것들에게는 강한 매력을 갖는다. 사람들은 그들의 필요를 충족시켜서 스스로를 완성하려고 노력하거나, 혹은 그들의 필요를 줄임으로써 내적 긴장을 경감시키려고 한다. 활성원소들의 원자들은 전자를 얻음으로써 스스로를 완성

하거나, 혹은 전자를 버림으로써 균형을 되찾으려고 하는데 목
표는 언제나 비활성기체의 안정성이다. 이러한 노력으로 원자
들은 다른 원자들과 협동적인 배치 속으로 들어가게 된다.

파울리(Wolfgang Pauli, 1900~1958)의 배타원리는 전자들
이 핵 주위에서 제멋대로 배치될 수 없다고 말함으로써 이 모
든 것을 설명한다. 그 대신 전자들은 일정한 방식으로 분포해
야 한다. 일정한 수의 껍질들이 있고 각 껍질에는 일정한 수의
전자들만 들어갈 수 있다. 한 원자가 가장 안쪽에 있는 껍질에
넣을 수 있는 것보다 더 많은 전자들을 가지면 여분의 전자들
은 핵으로부터 더 멀리 떨어진 빈 껍질로 들어가야 한다. 반면
에 원자가 한 개 혹은 그 이상의 껍질을 완전히 채우기에 꼭
알맞은 전자 수를 가지면 그것은 완전한 균형에 달한 셈이다.
그러면 이것은 2, 10, 18 등의 안정한 전자배치 중 하나를 갖
게 된다. 다시 말하면 이것은 비활성기체의 원소이다.

그리하여 주기율표의 첫 주기가 수소와 헬륨, 두 원소들만
가지는 것은 두 개의 전자가 핵에서 가장 가까운 껍질(이것을
K껍질이라 부른다)을 완전히 채우기 때문이다. 전자 하나를 헬
륨 구조에 첨가하여 리튬을 만들려고 할 때, 전자는 다 채워져
있는 K껍질로 들어가지 못하고 그 대신 더 바깥에 있는 L껍질
에 혼자 들어가게 된다. L껍질에는 모두 8개의 전자들이 들어
갈 수 있으며 L껍질에 새 전자가 하나씩 첨가될 때마다 한 개
의 원소가 되므로, 이것으로 둘째 주기가 8개의 원소를 가짐을
설명할 수 있다. 이 주기의 마지막 원소인 네온의 전자 10개는
K껍질과 L껍질을 완전히 채운다. 다음번 세 번째 주기는 M껍
질의 시작과 완성에 해당하는데 M껍질에도 8개의 전자들이 들

⟨표 3-1⟩

	원자번호	전자 껍질					
		K	L	M	N	O	P
헬륨(He)	2	2					
네온(Ne)	10	2	8				
아르곤(Ar)	18	2	8	8			
크립톤(Kr)	36	2	8	18	8		
제논(Xe)	54	2	8	18	18	8	
라돈(Rn)	86	2	8	18	32	18	8

어갈 수 있으므로 이 주기의 마지막 원소인 아르곤의 18개 전자들은 채워진 세 껍질들에 각각 2, 8, 8개씩 분포되어 있다.

이 단계에서 더 이상 말로 기술할 필요가 없다. ⟨표 3-1⟩에서 한눈에 비활성기체들의 전자 구조를 볼 수 있다. 다른 원소들은 이 구조를 가지려고 노력하며, 따라서 화학적 행동에 주기율이 생기게 된다.

요약하면 다음과 같다.

화학적으로 활성인 원소들은 이 전자배치 중의 하나에 이르기 위하여 가장 바깥쪽 궤도에 있는 전자들을 사용한다. 그리하여 전자를 하나 가지고 있는 수소는 또 하나의 전자를 더 받아들여 안전한 헬륨 구조를 가지려고 한다. 이러한 경향이 화학적 행동을 결정한다. 예컨대 수소 원자들은 보통 두 개가 결합하여 두 핵들이 전자쌍을 공유하는 것이라든지, 혹은 수소가 쉽게 불이 붙는 것 같은 것이다. 수소가 헬륨 구조를 가지려는 경향과 산소가 네온 구조를 가지려는 경향이 잘 맞아서 연소가 일어나는 것이다.

물과 수소결합

그런데 바깥 전자들이 화학결합을 형성하는 방법은 몇 가지가 있다. 한 가지 방법은 **이온결합**을 형성하는 것이다. 어떤 종류의 원자들은 전자를 잃어버리고 양이온이 되며, 또 어떤 종류의 원자들은 전자를 얻어 음이온이 된다. 전하의 부호가 다른 이온들은 정전기력에 의해 서로 끌리게 되며 이러한 힘에 의해 원자들이 결합한 것을 이온결합이라 부른다. 이것이 소금(NaCl)의 결정에서 소듐과 염소 원자를 한데 붙들어 두는 결합이다. 가장 바깥에 있는 껍질에 전자를 하나만 갖고 있는 소듐(11번)은 안정한 네온(10번)의 구조를 갖기 위하여 쉽사리 전자를 내놓고 소듐 양이온(Na^+)이 된다. 한편 아르곤(18번)보다 전자를 하나 적게 갖고 있는 염소(17번)는 바깥(M) 껍질에 쉽게 한 개의 전자를 받아들여 안정한 아르곤의 구조를 갖는다. 이렇게 되면 이것은 염소 음이온(Cl^-)이 된다. Na^+와 Cl^-는 크기가 같고 부호가 반대인 전하를 가졌으므로 적당한 조건 아래에서 만나기만 하면 결합을 형성한다.

이온결합보다 강하고 보다 보편적인 또 하나의 결합형은 **공유결합**이라고 하는 것이다. 이것은 공유된 전자쌍으로 구성되어 있으며 화합물에서 거의 보편적으로 생기기 때문에 이것을 그냥 화학결합이라 부르기도 한다. 결합하여 물을 형성하는 두 원소들은 각각 공유결합으로 이루어진 2원자분자(H_2, O_2)로 존재한다. 물 분자(H_2O)에서 원자들을 한데 붙들고 있는 것도 역시 공유결합이다.

우리는 각 H_2 분자가 두 개의 원자핵들과 두 개의 전자들이 단단히 붙어서 각 핵에 대해서는 헬륨 구조와 비슷한 구조를 가졌음을 지적하였다. 이 두 전자들의 운동은 두 핵을 모두 둘러싸고 있지만 두 핵들 사이에 많이 밀집해 있으므로 분자의 전자 구조를 흔히 H:H로 적는다. 여기에서 H는 원자핵을, 점은 전자를 나타낸다. 두 점 대신에 H-H에서와 같이 선으로 나타내면 이것이 원자가결합이된다. 폴링은 다음과 같이 말했다.

이것은 질긴 고무 조각(전자들)을 열처리하여 두 개의 강철 구(球)들(원자핵들)을 둘러싸서 한데 묶어 놓은 것에 비유할 수 있다.

그는 또한 이 배치를 다음 그림과 같이도 나타내었다.

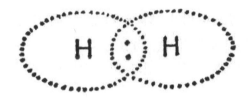

산소의 경우에는 2원자분자가 이중결합을 하고 있을 것으로 추측할 수 있다. 각 산소 원자는 바깥(L) 껍질에 6개의 전자를 가지고 있는데 이것을 :Ö:처럼 나타낸다.* 만약 이중결합이 형성되면 각 핵의 바깥 껍질은 네온에서처럼 8개의 원자들로 완전히 채워질 것이다. 즉 다음과 같다.

_____

*이와 같이 그림으로 나타낼 때는 안쪽 전자들을 무시하고 바깥 전자 혹은 가(價)전자들만 나타내는 것이 보통이다.

96

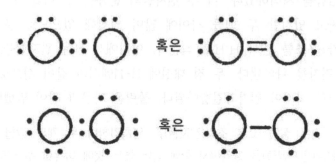

:Ö::Ö: 혹은 :Ö=Ö:

:Ö:Ö: 혹은 :Ö─Ö:

　그러나 실제로는 산소 분자도 수소 분자처럼 단일 공유결합
을 갖고 있다. 그러므로 각 전자는 두 개의 짝짓지 않은 전자
들을 갖고 있으며 이것 때문에 O_2는 액체, 고체, 기체의 어느
상태에서나 자석에 끌리는 성질을 갖고 있다.* 이 성질은 금속
과 금속염에서는 흔히 발견되지만 기체의 경우에는 매우 드문
것이다.

　그러면 H_2와 O_2 내에서의 전자들의 분포로 말미암아 각 분
자 내에서 양전하와 음전하의 불균일한 분포가 생긴다. 이것
때문에 수소와 산소가 접근하여 물을 형성할 때도 일정한 모양
으로 결합하게 된다. 이때 생기는 H_2O 분자는 극성(極性)분자
라고 부르는데 그 까닭은 양전하와 음전하가 한 중심 주위에
균일하게 분포되어 있지 않고 비대칭적으로 분포하여 양극과
음극을 만들기 때문이다. 〈그림 3-6〉은 두 수소 원자들이 한
산소 원자에 결합하여 물 분자를 만드는 방식을 매우 단순화시
켜 나타낸 것이다. 이것은 또한 화학자들이 $H_2+O→H_2O$로 적

---

*역자 주: 실제로 산소 분자의 결합은 이중결합에 가까우며, 분자궤도론으
로는 이 사실과 짝짓지 않은 전자들의 존재를 모두 설명할 수 있다.

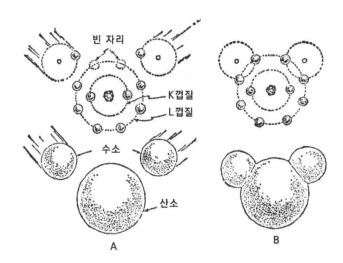

〈그림 3-6〉 물 분자는 두 개의 수소 원자와 한 개의 산소 원자가 이 그
림에서 보인 바와 같은 방식으로 결합할 때 생성된다. 이것의
양전하와 음전하는 고르게 분포되어 있지 않고 양극과 음극을
형성하기 때문에 이것은 극성분자이다. B의 그림은 분자 중 수
소와 산소 원자, 혹은 양전하와 음전하의 평형위치를 보여 준다

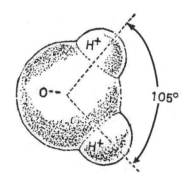

〈그림 3-7〉 물 분자의 두 양전하들이 분리하는 각도를 나타내었다

는 반응을 그림으로 나타낸 것이라고 볼 수도 있다. 두 산소 원자들이 차지하는 평형위치는 산소 원자핵으로부터 0.95Å 떨어져 있고 〈그림 3-7〉에 보인 바와 같이 두 O-H결합들 사이의 각도는 105°이다. 이것을 나타내는 또 하나의 방법은 산소 원자와 두 수소 원자들 사이의 공유결합들을 다음과 같이 표시하는 것이다.

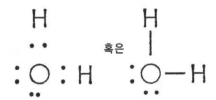

물론 H-O-H의 각은 그림에서처럼 90°가 아니라 105°이고, H와 O 사이의 길이는 각각 0.95Å임을 기억해야 한다.

물은 다른 종류의 분자들이 이온으로 분리하는 조건 아래에서 본래의 모습을 그대로 유지하는 특성이 있다. 자세히 조사해 보면 1톤의 순수한 물 중에는 약 0.1mg의 H^+이온과 1.7mg의 OH^-이온들이 들어 있을 뿐이다. 이것은 순수한 물에 전기가 잘 통하지 않음을 뜻하는데 그 까닭은 두 전극들 사이에 전류가 될 하전된 이온수가 매우 적기 때문이다. 그러나 비록 이온으로 잘 해리되지 않으나 물 분자 자체는 위의 그림이 나타내듯이 상당한 이온성을 갖고 있다. 실제로 물 분자를 산소이온(O^-)이 두 개의 수소이온(H^+)을 붙이고 있는 것으로 기술한 책도 있다.* 이러한 배치 때문에 물 분자는 전기장 내에서 양

*폴링, 『일반 화학』(Freeman, 1947), p. 129.

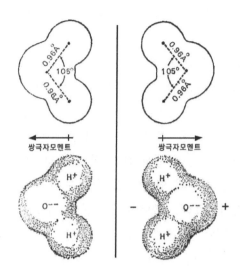

〈그림 3-8〉 쌍극자모멘트는 물 분자가 전기장 내에서 양극 쪽을 음극판으로,
음극 쪽을 양극판으로 향하게 하려는 경향의 척도이다

극 쪽을 음극판으로, 음극 쪽을 양극판으로 향하게 하려는 경
향을 크게 나타낸다. 독자는 이것이 어떻게 될지를 쉽게 알 수
있을 것이다. 이 경향의 크기[이것을 쌍극자모멘트(Dipole
Moment)라 부른다]는 분자 내에서의 전하분리의 크기에 의해
결정되는데 물 분자에서는 이 분리가 크다. 그러므로 물은 유
난히 큰 쌍극자모멘트를 가진다. 전기장 내에서의 이것의 행동
은 〈그림 3-8〉에서와 같이 설명할 수 있다.

　이런 식으로 방향을 잡음으로써 물 분자는 전기장을 중성화
하려고 한다. 이것을 전문적인 용어로는 물은 쌍극자모멘트가
유난히 크기 때문에 그것의 유전상수(Dielectric Constant)가
비정상적으로 크다고 말한다. 진공의 유전상수를 1이라고 하면
물의 유전상수는 80인데 이것은 두 개의 전하들이 물에서는 진

공에서와 비교해서 1/80의 세기로 끌어당기거나 반발함을 뜻
한다.

이것은 물이 여러 물질들, 특히 주로 이온결합으로 이뤄진
물질들을 잘 녹이는 능력을 부분적으로 설명해 준다. 이러한
결합들은 Na^+와 Cl^-이온들이 서로 끌어당겨 NaCl(소금)을 형
성할 때와 같이 쿨롱 인력으로 생기는 것이다. 이들은 비교적
약한 결합들이며 일단 물에 잠긴 염 결정의 표면에서 끊어지면
해리된 이온들 사이의 인력이 물의 높은 유전상수에 의해 진공
에서의 인력의 1/80로 줄어들기 때문에 재결합하지 못한다. 이
렇게 약한 인력은 실온에서의 약한 열적 교란 때문에 그 효과
를 나타내지 못한다. 여기에 추가해야 할 것은 양이온이 H_2O
의 음극 쪽(산소)과 붙고, 음이온이 양극 쪽(수소)과 붙으려는
경향 때문에도 염이 더욱 해리하고 이온들이 다시 염으로 되지
않는다는 점이다.

그러나 개개 물 분자의 쌍극자모멘트가 용매로서의 물의 두
드러진 능력을 모두 설명할 수는 없다. 이것을 설명하기 위해
서는 **수소결합**이라는 또 하나의 개념을 도입해야 한다. 이것은
물 분자들 간의 결합이다. **수소결합에 의해 물 분자들이 결합하여
촘촘히 연결된 흔하지 않은 구조를 만든다.**

어떤 물질에서든 모든 분자들 사이에는 약한 인력이 존재하
는데 이것은 분자들이 매우 가까이 있을 때만 중요하게 된다.
판데르발스(van der Waals) 힘이라고 부르는 이 분자 간 인력
은 한 분자의 핵과 다른 분자의 전자들 간의 인력이, 한 분자
의 전자들과 다른 분자의 전자들 간의 반발력 및 핵들 간의 반
발력보다 약간 크기 때문에 생긴다. 일반적으로 무거운 분자들

은 가벼운 분자들보다 서로 간에 더 강하게 끌어당긴다. 액체가 증발하려면 열적 교란에 의해 이 판데르발스 결합이 끊어져야 하고 이 결합이 강할수록 더욱 심하게 교란해야 하므로 일반적으로 물질의 끓는점은 분자량이 클수록 높다. 우리는 이 일반적인 규칙을 그 이유는 제시하지 않고 1장 초반부에서 이미 기술하였다. 그곳에서 우리는 이 규칙을 H_2O에 적용하면 물의 어는점이 약 -100℃, 끓는점이 약 -80℃가 될 것을 지적하였다. 실제로는 이것들이 0℃와 100℃라는 사실은 판데르발스 인력보다 훨씬 강한 다른 힘이 H_2O 분자들을 한데 묶고 있음을 나타내는 뚜렷한 증거이다.

이 여분의 힘이 앞에서 말한 수소결합이다. 이것의 본질은 정전기적인 것이다. 다시 물 분자의 그림을 보면(그림 3-6), 두 수소 원자들이 전자들을 산소 원자와 공유함으로써 그들의 핵을 노출함을 알 수 있다. 이 노출된 양전하 각각은 비결합전자쌍에 인력을 미칠 수 있다. 물 분자 중의 산소 원자는 두 쌍의 비결합전자쌍을 갖고 있으므로 각 물 분자는 네 개의 수소결합을 형성할 수 있다. 그런데 따로따로 움직이고 있는 두 쌍극자 분자는 이것들이 결합해서 한 복합체를 형성했을 때보다 전기장을 중성화하는 능력이 훨씬 작다. 후자의 쌍극자모멘트는 2배가 된다. 그러므로 물이 수소결합을 형성하는 능력으로 유난히 큰 유전상수를 설명할 수 있고 이것으로 다시 용매로서의 물의 뛰어난 능력을 일부 설명할 수 있다.

수소결합은 1장에서 기술한 물의 다른 유별난 성질들도 설명할 수 있다. 우리는 이것이 물의 끓는점과 어는점에 미치는 영향을 지적하였다. 이 효과가 물의 두드러진 열용량과 비정상적

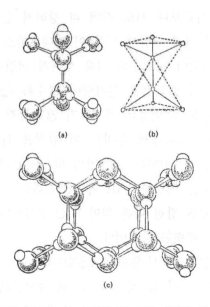

〈그림 3-9〉 얼음 결정은 이 그림에서와 같은 사면체 구조를 갖는다.
큰 구는 산소 원자를, 작은 구는 수소 원자를 나타낸다

으로 높은 녹음열 및 증발열의 중요한 이유임을 쉽게 알 수 있
다[1몰(mole), 즉 18g의 물 중의 수소결합에 대한 총에너지는
6,000cal에 상당하는 것으로 계산되었다]. 수소결합은 물의 큰
표면장력에서 나타나는 유별난 응집력도 설명한다. 이것은 또
한 물이 여러 종류의 물질에 강하게 부착하여 그들을 적시는
두드러진 능력도 설명한다. 예컨대 물이 유리를 적시는 과정은
H_2O의 노출된 수소 원자핵과 유리의 표면 구조 중의 산소 원
자들(유리의 주성분은 SiO_2이다) 사이에 수소결합이 생기는 것
이다. 같은 방식으로 물은 셀룰로스(Cellulose, 면사 등), 점토
및 산소 원자가 중요한 성분인 다른 물질들을 적신다.
　나아가서 수소결합은 얼음이 물에 뜨는 것도 설명한다. 물

분자 중의 공유전자쌍과 비공유전자쌍의 특이한 배치는 결합들이 네 방향으로 확장되는 결과를 초래하며 이 방향들 간의 각도는 물 분자에서 두 양전하들이 분리된 각도, 즉 105°와 같다. 〈그림 3-9〉는 이것 때문에 사면체 구조가 생기는 것을 보여 준다. 이것은 특징적인 얼음의 결정 구조이다. 물의 밀도는 온도가 내려갈수록 증가하다가 4℃가 되면 여기에서부터 수소결합이 나타내는 영향이 물 분자들의 운동이 감소하여 생기는 수축 경향보다 강해진다.* 이 온도에서 분자들은 수소결합의 방향을 따라 배치되기 시작하여 구멍이 많은 구조를 갖게 된다. 그리하여 물은 부피가 증가하다가 0℃에서 매우 열린 구조로 고체화하게 된다. 습기가 있는 공기에서 자라나는 가지가 달린 얼음 결정인 눈송이의 생성에서도 같은 방식으로 진행됨이 분명하다. 눈송이들(〈사진 3-1〉 참조)은 육각형 구조를 가지고 있는데 이것의 윤곽은 사면체 6개의 밑면들로 형성된다.**

그러므로 우리는 얼음이 물에 뜨고, 물이 적시며, 물이 열적 성질 및 용매로서의 능력에 있어서 유별난 과학적 이유를 알 수 있다. 이 모든 물의 성질은 식물과 동물에 매우 중요하고, 이 모든 것이 수소결합에 의해 결정되므로 수소결합은 생명에 중요한 결합으로 볼 수 있다. 이것이 없이는 지구 상에 현존하는 생명 같은 것은 존재할 수 없을 것이다.

---

*1장에서 말한 것같이 온도란 계 안에서의 원자 및 분자운동의 활기의 척도이다. 온도의 감소는 분자의 운동이 감소하는 것을 뜻한다.
**그러나 눈송이가 자라는 방식을 정확히는 알지 못하고 있다. 이것이 어떻게 그렇게 대칭적으로 자라는지 아무도 설명할 수 없다. 결정과 결정의 형성은 참으로 재미있는 문제이다.

〈사진 3-1〉 이 미세사진들에는 얼음의 사면체 분자 구조에 의해 결정되는 것
으로 생각되는 눈 결정들의 육각형 구조가 나와 있다. 자연의 형태
들 중 어떤 것들은 이와 같이 대칭적인 아름다움을 나타낸다

4장
보다 정확하게 이야기하면

보통 물은 순수하지 않으며 단순한 H_2O가 아니다

물이 무엇이며 그것이 어떻게 행동하는가에 대해 이 정도로
설명했으므로 이제는 우리의 일반적 진술 중 몇 가지를 보다
정확히 이야기하겠다. 지금까지 우리는 혼동을 피하기 위하여
정확히 이야기하는 것을 피해 왔으나 이제는 혼동의 우려가 훨
씬 줄어들었다.

우선 물의 화학적 조성에 대해 보다 정확히 이야기하겠다.

우리는 물이 H_2O의 화학식을 갖고 분자량이 18.016인 단순
하고 변하지 않는 단일 물질인 것처럼 이야기해 왔다. 실제로
1930년까지만 해도 이것이 물에 대한 지배적인 견해였다. 그
러나 1934년에 미국의 물리학자 유리(Harold Urey, 1893~
1981)는 얻을 수 있는 가장 순수한 물에도 보통 물과 화학식은
같으나 분자량이 20인 물질이 소량 들어 있음을 발견하였다.
그는 이것을 '중수(重水, Heavy Water)'라고 불렀다. 여분의 무
게는 이 이상한 새로운 물 분자가 보통 수소보다 원자량이 배
가 되는 수소 원자들로 구성되어 있기 때문에 나타나는 것이었
다. 이 수소의 원자핵에는 양성자 이외에 한 개의 중성자가 들
어 있다. 이것의 성질은 보통 수소의 성질과 매우 다른 것이
발견되었으므로 다른 이름을 주어 **중수소**(重水素, Deuterium)라
고 부른다. 이것의 산화물 '중수'는 화학식 D_2O를 갖는다.
D_2O의 끓는점은 H_2O의 끓는점보다 약간 높고(101.4℃), 이것

의 어는점은 H_2O의 어느점보다 상당히 높다(3.8℃). 또한 생명에 중요한 물질인 H_2O와는 달리 D_2O는 생리적으로 비활성이다. 씨에 D_2O만 주면 싹이 나지 않고, 동물에게 D_2O만 마시게 하면 목이 말라 죽을 것이다.

지금까지 단순한 한 가지 물질이라고 생각했던 것을 복잡하게 만드는 물질은 D_2O만이 아니다. **삼중수소**(三重水素, Ritium)라고 불리우는 수소의 세 번째 동위원소가 발견되었다. 산소의 경우에도 원자량이 16(보통 산소), 17 및 18인 세 가지 동위원소들이 발견되었다. 물론 최근에 발견된 동위원소들은 모두 합쳐도 물의 극히 적은 부분밖에 이루지 않는다. 삼중수소와 산소 17은 극미량이 발견되고, 중수소는 200ppm(1ppm은 100만 분의 1을 나타낸다), 산소 18은 1,000ppm만큼 존재한다. 다시 말하면 우리가 물이라고 부르는 것의 거의 전부는 실제로 두 원소들의 가장 흔한 동위원소들로 구성되어 있다. 그럼에도 불구하고 세 수소 동위원소들 각각은 세 산소 동위원소들 각각과 2:1의 비로 결합하고, 각 동위원소는 다른 것들과 같은 방식으로 이온화하므로 순수한 물이라도 정확하게 말하면 적어도 18가지의 화합물과 15가지의 이온들, 합쳐서 33가지의 물질들로 구성되어 있는 셈이다(그림 4-1).

수용액에 대한 새로운 견해

앞 장에서 물의 쌍극자모멘트가 유난히 크고 분자들 간에 수소결합이 형성되기 때문에 물은 비정상적으로 큰 유전상수를 갖게 되고, 이것으로 물이 물질을 잘 녹이는 두드러진 성질을 일부 설명할 수 있다고 하였다. 여기에서 말하는 용해도는 부

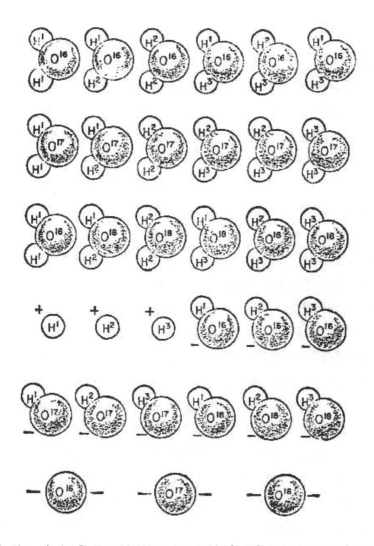

〈그림 4-1〉 순수한 물도 분석해 보면 매우 복잡한 화합물이 된다. 이것은 33
가지의 다른 물질로 분류할 수 있는 분자들과 이온들의 혼합물이다.
18가지 분자들은 그림에서 위 세 줄에, 15가지 이온들은 아래 세
줄에 나타나 있다

분적으로 이온성을 가진 물 분자들과 용해하는 물질의 분자들 사이의 전기적 인력이 관여하는 것이다. 과학자들은 용해도에는 반드시 이러한 인력이 관여하는 것으로 믿어 왔다. 우리도 이 문제를 간단히 논의할 때 이러한 것을 암시했을지 모른다.

그렇다면 이 점도 보다 정확히 이야기할 필요가 있다.

몇 년 전 버스웰(Arthur M. Buswell)과 로더부시(Worth H. Rodebush)가 잡지 『사이언티픽 아메리칸(Scientific American)』 1956년도 4월호에 실린 그들의 에세이 「물」에서 지적한 바와 같이 화학자들은 두 가지 놀라운 자연현상들에 주의를 기울이게 되었다. 하나는 물이 가끔 20℃나 되는 높은 온도에서도 천연가스를 수송하는 관 내에서 어는 것이었다. 이러한 관들은 질벅질벅한 얼음으로 메워졌다. 또 하나는 옥수수가 때로 4℃에서 어는 것이었다. 이러한 현상들을 연구함으로써 화학자들은 물의 구조와, 또한 이 구조가 물에서 이온을 형성하지 않거나 물과 수소결합을 형성하지 않는 물질을 만났을 때 어떻게 변하는가에 대해 더 많은 지식을 얻게 되었다. 이들은 비전해질(非電解質)이라고 불리는데 물에 조금밖에 녹지 않지만 녹는 과정은 버스웰과 로더부시의 말을 인용하면 '그 물질과 물 사이의 인력 때문이 아니라 인력이 없기 때문에' 일어나는 것이다.

메탄가스(CH_4)를 예로 들어 보자.

메탄 분자와 물 분자 사이에는 거의 인력이 작용하지 않음에도 메탄은 물에 약간 녹는다. 이것의 용해를 자세히 조사한 결과 이 반응은 놀라운 특징을 가지고 있음을 발견하였다. 너무 많은 열이 방출되었던 것이다. 정상적으로는 용질과 용매 간의 반응으로부터 방출되는 열은 쉽게 녹을수록 증가할 것으로 예상된다. 그러므로 메탄을 그것이 잘 녹는 헥산(Hexane)에 녹이면 이를 물에 녹일 때보다 훨씬 많은 열이 방출될 것으로 예상되었다. 그러나 이와 정반대 현상이 발견된 것이다. 메탄을 물에 녹일 때는 헥산에 녹일 때보다 10배의 열이 방출된다.

이 열은 어디에서 나오는 것일까? 메탄과 물 분자 사이의 인력은 너무 작아 이것의 작은 부분밖에 설명할 수 없었다. 신중한 연구 끝에 과학자들이 도달한 결론은 열이 메탄 분자 주위에 모여 우리(Cage)를 형성하는 물 분자들로부터 나온다는 것이다.

메탄 분자의 부피는 물 분자 부피의 두 배가 넘는다. 그러므로 메탄이 물에 녹는 만큼 각 분자는 많은 수의 물 분자들을 밀어내고 이렇게 함으로써 수소결합을 파괴하고 물 분자들 사이의 다른 인력도 약화시킨다. 이것은 정상적인 물이 갖고 있는 강한 내부 압력을 많이 감소시켜서 물과 메탄의 계면에서 실제로 얼음이 얼게 되는 것이다. 압력이 줄어드는 것은 열의 상실 혹은 물의 원자들이 움직이는 속도가 감소하는 것과 같은 것이다. 같은 현상이 거꾸로 일어나는 예는 얼음에 압력을 가해서(예컨대 스케이트를 탈 때) 정상적인 어는점보다 훨씬 낮은 온도에서 그것을 녹이는 것이다. 압력을 줄이면 그 반대 효과가 나타나서 물이 보다 높은 온도에서 얼게 된다. 그러면 메탄과 물이 함께 결정화하여 용액으로부터 침전되어 나온다.

그리하여 가스 수송관이 여름 온도에서도 얼음으로 메워지는 것이다.

같은 종류의 현상이 단백질 분자와 물 사이에서도 일어날 수 있다. 단백질 분자는 어는 것이나 물 분자보다 훨씬 크고 메탄처럼 비극성 혹은 비이온성인 원자 집단을 많이 갖고 있다. 그 결과 물은 단백질 분자의 표면을 따라 결정화하는 경향을 강하게 나타낸다. 특수한 조건 아래에서 이 경향이 실현되면 물이 얼음으로 변할 때 갑자기 팽창하므로 조직에 큰 손상을 줄 수 있다.

그리하여 4℃에서 옥수수가 얼어서 손상을 받는 일이 일어나는 것이다.

중수와 원자 시대

유리의 발견 이후 얼마 동안은 중수가 진기한 화합물로만 생각되었으며 실질적인 가치는 없는 것 같았다. 그러나 유리가 중수를 발견하고 있던 순간에 이탈리아의 위대한 물리학자 페르미(Enrico Fermi, 1901~1954)는 획기적인 원자핵 실험을 하고 있었으며 그 결과가 후에 D_2O에게 군사적 및 경제적 중요성을 부여하게 되었다. 이러한 사실은 과학의 상호 연관성을 보여 주는 예이다.

페르미와 그의 동료 연구자들은 1934년에 여러 원소들을 중성자로 충돌시키는 실험을 행했으며 이 실험으로 수많은 인공 방사성 원소들을 만들고 있었다. 페르미는 거의 모든 비방사성 원소가 중성자로 때리면 방사성 동위원소로 변환되는 것을 발견하였다. 그는 또한 중성자의 속도를 줄이면 방사능을 유발하는 속도가 크게 증가함을 발견하였다.

전자와 광자처럼 중성자는 입자 같은 행동을 나타냄과 동시에 파동의 성질을 보이기도 한다. 이것은 파장을 가지며 이 파장은 진동수에 반비례한다. 중성자의 에너지의 척도인 진동수가 작으면 작을수록 파장이 길어진다.

여러 가지 유형의 장치들을 이용하여 우리가 원하는 어떤 에너지를 가진 중성자라도 분리할 수 있다. 0.1eV의 에너지를 가진 저에너지 중성자는 원자핵의 지름의 10,000배가 넘는 파장을 가진다. 느린 중성자가 원자들의 집합을 통과할 때 원자핵과 충돌할 확률이 큰 것이 분명하다. 또한 느린 것은 그것이 충돌하는 원자핵에 잡힐 확률도 크다.

어떻게 원자핵은 그것의 10,000배나 되는 파장을 가진 중성자를 흡수할 수 있는가? 다시 우리는 여기에서 중성자의 파동적 성질을 취급하고 있음을 기억해야 한다. 원자핵 내에서 중성자는 5000만 eV에 달하는 에너지를 얻게 되어 그 결과로 진동수도 크게 증가한다. 진동수가 증가함에 따라 파장은 감소한다.

이렇게 원자핵으로 흡수된 중성자는 일반적으로 원자핵에 불균형을 초래하여 방사선의 방출을 유발한다. 즉 방사성 동위원소가 생성되는 것이다. 예를 들어 보통 알루미늄은 원자번호(혹은 원자핵의 전하)가 14이고 원자량이 27인 안정한 원소이나, 이것의 원자핵이 중성자를 흡수하면 알루미늄 28이 되는데 이것은 같은 원자핵 전하를 가지나 원자량이 1만큼 더 큰 방사성 동위원소이다. β 입자(전자)를 방출하여 원자핵이 양전하 한 단위를 더 얻게 되면 알루미늄 27은 원자번호가 13인 안정한 규소 28로 변환한다.

페르미와 그의 보조 연구자들이 그들의 발견을 한 지 오래지 않아 독일의 과학자 한(Otto Hahn, 1879~1968)과 슈트라스만(Fritz Strassmann, 1902~1980)은 우라늄 원자의 핵이 중성자를 흡수하면 원자핵이 실제로 분열하는 것을 발견하였다. 그런데 두 조각들을 합쳐도 원래의 핵보다 질량이 작았다. 이 질량의 차이는 아인슈타인의 질량-에너지식*이 예언하는 양만큼 운동에너지로 변했으므로 두 조각들은 거대한 속도로 떨어져 나갔다. 이 원자핵 분열 과정에서 우라늄 원자가 갖고 있는 많은 중성자들 중에서 두세 개가 방출된다. 방출되는 각 중성자는 이론적으로 그것이 때리는 어떠한 분열 가능한 원자핵이라도 분열시킬 수 있으며 이때 두세 개의 중성자들이 더 방출된다. 다시 말하면 이 분열 과정은 스스로 전파하고 스스로 확대될 수 있다. 즉 이른바 '연쇄반응(Chain Reaction)'이 개시될 수 있는 것이다. 이러한 반응으로부터 방출되는 퍼텐셜에너지의 양은 참으로 무서운 것이다.

그 후의 실험에서 우라늄의 세 동위원소들 중 원자핵이 분열되는 것은 거의 전부 ^{235}U(천연 우라늄의 0.7%를 차지한다)이며 ^{235}U는 페르미의 연구가 밝힌 바와 같이 느린 중성자에 의해 가장 효과적으로 분열된다는 것을 곧 알게 되었다. 실제로 보통 우라늄에서 연쇄반응을 일으키기 위해서는 매우 느린 중성자들이 많이 있어야 한다. 수백만 eV의 에너지를 가진 빠른 중성자들은 간혹 우라늄 원자들을 분열시키지만 연쇄반응을 유지할만큼 자주 분열시키지는 못한다. 몇 eV의 중간 정도의 에너지를 가진 중성자들은 ^{235}U를 효과적으로 분열시키나 이들은 또한 보통 우라늄의 99% 이상을 점하고 있는 동위원소인 ^{238}U의 원자핵에 잡히기 쉽다. 중성자가 ^{238}U에 사로잡히면 ^{238}U은 분열하지 않고 그 대신 전자 하나를 방출하여 안정화하려고 하

---

*$E=mc^2$인데, 여기에서 E는 에너지, m은 질량, c는 빛의 속도를 나타낸다.

므로 그 중성자는 더 이상 순환할 수 없게 된다〔물론 이때 우라늄(93번)은 원자핵 전하가 하나 증가한 플루토늄(94번)으로 변환한다〕. 필요한 것은 '열중성자(熱中性子, Thermal Neutrons)'인데 이런 이름을 갖게 된 것은 0.02eV 정도인 이들의 에너지가 원자의 정상적인 열운동에너지보다 크지 않기 때문이다. 열중성자는 ^{235}U를 분열시킬 뿐만 아니라 ^{233}U에 잡히지도 않는다. 이들은 또한 멀리까지 진행하므로 ^{233}U원자들의 집단 중에서 부딪치며 돌아다니다가 쉽게 분열하는 ^{235}U와 충돌할 확률이 크다.

이 모든 사실 때문에 ^{235}U의 분열에 의해 방출되는 빠른 중성자들을 감속(減速)시킬 수만 있으면 ^{235}U가 0.07%밖에 들어있지 않은 보통 우라늄의 덩어리 중에서도 지속적인 연쇄반응을 일으킬 수 있다. 중성자를 잡지 않으면서 중성자의 과잉 에너지를 흡수하는 물질, 이른바 감속제(減速劑, Moderator)가 필요하다.

중수가 등장하는 곳이 바로 여기다.

만일 중성자가 그것보다 별로 무겁지 않은 원자핵을 때리면 갑자기 감속될 것이 분명하다. 이것이 충돌할 때는 당구공들이 충돌할 때와 마찬가지로 표적물에게 일부 에너지를 주게 된다. 당장 수소화합물, 특히 물을 감속제로 쓸 것을 생각할 수 있다. 보통 수소핵은 중성자와 비슷한 질량을 가지고 있으므로 충돌 시에 중성자의 에너지에서 큰 부분을 흡수할 것이다. 그러나 불행히도 수소는 중성자의 에너지를 흡수할 뿐만 아니라 때로는 중성자 자체를 흡수해서 중수소 원자의 핵이 되기도 한다. 그러므로 보통 H_2O는 효과적인 감속제가 되지 못한다. 그러나 같은 이유로 중수는 좋은 감속제이다. 중성자와 양성자 한 개씩으로 구성되어 있는 중수소의 핵들은 중성자를 잘 흡수하지 않으며 가벼워서 충돌 시에 중성자의 에너지 중 큰 부분을 흡수할 수 있다. 그러므로 D_2O는 가장 효과적인 감속제 중의 하나이다.

여담이지만 1942년에 영국의 특공대가 나치(Nazi)의 점령 아래에 있던 노르웨이 내의 한 공장을 습격하였는데 오랫동안 이 이상한 작전은 비밀로 되어 있었다. 중수는 시간이 오래 걸리는 전기분해 과정에 의해 얻어지며 막대한 전기량이 필요한데 노르웨이에는 수력이 풍부하므로 이곳에서 상당한 양의 중수가 최초로 분리되었다. 1942년 겨울까지 약 100gal의 중수가 얻어졌다. 이것이 독일 과학자들의 수중에 들어가서 감속제로 사용되는 것을 막는 것이 작전의 목적이었다. 당시에 행해지고 있던 비밀 과학전쟁의 연합군 사령관들은 이것의 위험을 잘 알고 있었다. 그들은 페르미와 그의 동료 연구자들이 시카고 대학에서 역사상 최초의 원자핵 연쇄반응을 일으켜 원자폭탄의 개발 가능성을 증명한 것을 알고 있었다. 이 첫 원자로 중의 원자핵연료는 보통 우라늄에 들어 있는 ^{235}U이었고, 감속제는 매우 순수한 흑연이었다.

그후 원자핵에너지의 개발이 진행됨에 따라 중수의 실용성이 더욱 중요하게 되었다. 예컨대 시카고 근방에 있는 미국 원자력위원회(Atomic Energy Commission)의 아르곤 국립연구소(Argonne National Laboratory)에서는 중수를 감속제와 냉각제로 쓰고 있다. 하웰(Harwell)에 있는 영국 원자력청(Atomic Energy Authority)의 거대한 원자로도 역시 중수를 같은 목적

으로 쓰고 있다. 또한 중수의 잠재적인 경제적 및 군사적 가치
는 1950년대에 수소폭탄이 개발됨으로써 더욱 증가하였다.

다음 장에서 태양이 수소를 복사에너지로 변화시키는 과정에
대한 현대적 이론을 약간 소개할 예정이다. 여기에서는 매우
높은 온도에서 핵분열의 반대 과정이 일어남을 지적해 두는 것
으로 충분할 것이다. 열은 운동의 에너지이며 이것이 어떤 점
을 넘어서면 원자핵에너지가 저온에서 두 양전하들이 서로 반
발하게 하는 정전기력을 압도할 수 있을 정도로 커진다. 두 개
의 가벼운 원자핵들, 예컨대 두 개의 수소 원자핵들, 혹은 수소
와 리튬 원자핵들이 매우 격렬하게 충동하면 앞 장에서 이야기
한 핵력이 작용하기 시작한다. 두 원자핵들이 이른바 열핵반응
(Thermonuclear Reation)에서 **융합**(Fusion)하여 새로운 원자
핵이 형성된다. 가벼운 원자들의 집합에서 일단 개시되면 이
과정은 연쇄적으로 일어난다. 융합에 의해 형성된 원자핵은 원
래의 두 원자핵들보다 약간 적은 질량을 가지며 이 차이가 아
인슈타인의 식에 의해 에너지로 변하고 이 에너지의 일부가 다
른 원자핵들로 전달되어 융합을 일으킨다.

그러나 처음의 열을 어떻게 공급할 것인가? 이런 열을 내기
위해서는 온도를 수백만 도로 올려야 하는데 지금까지는 ^{235}U
폭탄이나 플루토늄폭탄을 터뜨려 짧은 순간 동안 이런 온도를
유지할 수 있다. 그리하여 미국이나 소련이 지금까지 터뜨린
모든 수소폭탄은 원자탄에 의해 개시된 것이었다. 그러나 만약
이 필요한 열을 적절하게 조절할 수 있고 안전하게 경제적으로
낼 수 있는 방법이 발견된다면 장차는 에너지원(源)으로서 핵융
합이 핵분열보다 유리할 수 있다. 핵융합의 이점 중의 하나는

조절된 융합은 위험한 방사성 폐기물을 내지 않는다는 점이다. 또 하나의 이점은 융합에 필요한 연료가 분열에 필요한 연료와 는 달리 지구상에 대량 존재한다는 점이다.

원자핵 이론에 의해 수소의 무거운 동위원소들이 특히 잘 융합할 것으로 밝혀졌는데 실제로 1952년에 에니위톡(Eniwetok)에서 폭발된 수소폭탄은 액체 중수소와 삼중수소의 혼합물로 구성되어 있었으며 ^{235}U폭탄으로 열핵반응을 개시했다고 한다. 그러므로 전통적인 화석연료의 공급이 고갈될 때가 가까워 옴에 따라 중수소의 중요성은 증가할 것이다. 어떤 전문가들은 알려진 매장량을 토대로 하여 서기 2000년에는 약 100년분의 석탄과 석유가 남을 것으로 추정하였다. 이것은 인구 증가와 1인당 에너지 소비의 증가에 대한 현재의 예측이 옳다는 가정 위에서 얻은 것이다. 서기 2000년은 이 책이 발간되는 해로부터 39년밖에 남지 않았다. 그러나 바닷물에 들어 있는 핵융합 연료의 양은 거의 무한정하다. 바닷물 1gal에 들어 있는 중수소는 그 에너지 함량에 있어서 350gal의 가솔린과 맞먹는데 바닷물의 엄청난 양을 고려하면 이것은 수십억 년 동안 인류의 에너지 수요를 충족하기에 충분할 것이다.

5장
태양, 지구 및 물

태초에 땅은 형태가 없고 공허하였으며 심연(深淵) 위에 암흑이
차 있고 하느님의 영이 수면에 거니셨다. 하느님이 "빛이 있으라"
하시니 빛이 암흑으로부터 분리되고 이것이 창조의 첫날이었다. 둘
째 날에 하느님은 물 가운데에 궁창(穹蒼)을 만드시고 그것으로 아
래에 있는 물과 위에 있는 물을 구분하시고, 궁창을 하늘이라 부르
셨다. 셋째 날에 모든 물이 한곳으로 모이니 마른땅이 나타났으며
물은 바다가 되고 마른땅은 육지가 되었다. 그리고 하느님은 땅이
풀과 열매 맺는 나무와 각기 종류대로 씨를 내는 채소들을 내게 하
셨다. 이 셋째 날은 하느님께 특별히 만족스러웠다. 일이 끝나자 하
느님은 당신이 만드신 것을 쳐다보시며 처음으로 만족해 하셨다.

창세기에 나타나는 지구의 창조에 대한 이야기는 이와 같이
시작된다. 1650년에 발간된 우셔(James Ussher, 1581~1656)
대주교의 『성경의 연대기(Annales Veteris Testimenti)』에 의
하면 이 사건은 B.C. 4004년 10월 26일 아침 9시에 일어났
다. 현대 과학이 들려주는 이야기는 이 대주교의 이야기처럼
정확하지 않고 창세기의 이야기와도 종류와 정도에 있어 차이
가 많다. 그러나 이제 우리가 살펴보겠지만 여기에는 몇 가지
공통점이 있다.

과학에 의하면 우리가 속하는 우주의 한 부분, 즉 태양계가
극히 작은 부분을 이루고 있는 은하수(Milky Way Galaxy)가
'시작'된 것은 65~70억 년 전이었다. 여러 다른 증거들이 완전

118

히 독립적인 것들인데도 모두 이 연대를 나타내는 것으로 발견
되었다.

한 가지 증거는 지질학에서 나온 것인데 여기에서는 방사성
물질의 존재 때문에 암석의 나이를 쉽게 결정할 수 있었다. 앞
장에서 밝힌 대로 방사성 원소들은 붕괴하여 방사성이 없는 붕
괴생성물로 변한다. 그리하여 ^{238}U은 궁극적으로 ^{206}Pb으로 변
하고, ^{235}U는 ^{207}Pb로, ^{232}Th는 ^{208}Pb로 변한다. 더구나 이 원
자핵붕괴들은 통계적으로 예측 가능한 속도로 일어나는데 이
속도는 온도 변화, 화학 변화, 혹은 압력 변화의 영향을 받지
않는다. 측정은 '반감기(Half Lives)', 즉 방사성 물질의 주어진
시료의 반이 붕괴하여 다른 물질로 변하는 데 걸리는 시간으로
나타낸다. 그러므로 방사성 동위원소와 그것의 붕괴생성물이
함께 발견되는 곳에서는 어디에서나 전자와 후자의 양의 비를
측정함으로써 바위가 마지막으로 용융했던 때부터의* 나이를
결정할 수 있다. 지금까지 이 방법으로 발견된 가장 오래된 바
위는 27억 년이 되었으므로 지구의 나이는 적어도 이것보다 많
음을 알 수 있다.

그러나 이 암석들은 또한 지구가 그들보다 훨씬 더 오래되었
음을 나타낸다. 왜냐하면 이들은 지질학자들이 '페그마타이트
(Pegmatite)'라고 부르는 것이기 때문인데, 이것은 이들이 수
성암 및 화성암 속으로 밀고 들어간 광맥 중에 있음을 뜻한다.
수성암은 용액으로 혹은 콜로이드로 있던 화성암 물질이 퇴적

*'마지막으로 용융했던 때부터' 라는 말을 붙일 필요가 있다. 지각 중의
바위가 재용융하여 변성암(變成岩, Metamorphic Rocks)이 되는 경우가
많은데 이것이 일어날 때는 방사성 물질과 그것의 붕괴생성물이 따로 분
리되기 때문이다.

하여 형성되므로, 페그마타이트의 존재는 27억 년 이전에 이미 침식작용이 일어나고 있었음을 나타낸다. 그리고 화성암은 녹은 용암의 고화로 형성되는 반면 침식작용은 물의 작용이므로 나이가 결정된 이 페그마타이트가 형성되기 훨씬 전에 오랜 냉각 기간이 끝났음이 분명하다. 이 사실을 ^{238}U의 반감기가 45억 년이라는 사실과 연결하면 지각의 나이가 대략 45억 년임을 강하게 시사하고 있다.

운석(隕石)에 들어 있는 납 동위원소에 대한 연구로부터도 비슷한 나이가 얻어진다. 운석은 잇달아 지구로 떨어지고 있는데 이것의 나이는 거의 지구의 나이와 같은 것으로 가정할 만한 근거가 있다. 이 운석들은 화성과 목성 사이에서 띠를 이루고 공전하고 있는 소행성(小行星)들의 조각인데 이 띠에는 이들이 매우 밀집해 있으므로 충돌이 자주 일어난다. 조각들의 구조와 조성을 보면 이들이 부서져 나온 소행성들은 원래 용융된 상태로 있다가 내부가 천천히 식은 것임에 틀림없다. 외계로부터 오는 이 단단한 운석들 중의 어떤 것은 철이며 어떤 것은 돌이다. 전자는 우라늄이나 토륨을 함유하고 있지 않은 데 반해 후자는 이 방사성 원소들을 확실히 측정할 수 있는 양만큼 갖고 있다. 그러나 철 운석은 ^{233}U과 ^{235}U의 최종 붕괴생성물인 ^{206}Pb과 ^{207}Pb, 그리고 ^{232}Th의 최종 붕괴생성물인 ^{208}Pb을 갖고 있다. 이들은 방사능붕괴에 의해 형성되지 않는 ^{204}Pb도 갖고 있다. 그러므로 어버이(Parent) 소행성이 고체화했을 당시에 존재했을 방사능붕괴에 의해 생긴 납과 그렇지 않은 납의 비를 결정할 수 있으며 이 비를 방사능시계(우라늄과 토륨)가 아직도 일정한 속도로 움직이고 있는 돌멩이 운석에 적용할 수 있다. 존재하는 납의 총량에서 방사능붕괴에 의해 생기지 않은 납을 뺌으로써 돌멩이 운석이 고체화한 이후에 경과한 시간을 결정할 수 있다. 이것은 46억 년으로 나타난다.

이 숫자는 또한 달이 한때 지구에 매우 가까이 있었고(이 가정에 대해서는 좋은 증거가 있다) 조석(潮汐) 마찰에 의해 이것이 대략 일정한 속도로 멀어져 갔다면(이 가정에 대한 근거는 의문의 여지가 많다), 달이 지구에 대해 현재의 위치를 가지는 데 걸렸을 시간과 대체로 일치한다. 이러한 가정하에 달이 현재의 궤도까지 이동하는 데는 약 40억 년이 걸렸을 것이고 물론 달이 멀어져 가서 둘 사이에 넓은 간격이 벌어지기 이전에 이미 지구와 달은 수백만 년 동안 존재했어야 할 것이다.

지각의 나이에 대한 또 하나의 매우 근사적인 추정은 바다에 들어 있는 소금의 양의 결정에서 나온 것이다. 여기에서는 바다가 오래될수록 소금의 농도가 진한 것으로 가정한다. 이 가정은 물이 해면으로부터 계속 증발하면서 녹아 있던 소금을 뒤에 남기고, 흙을 싣고 바다로 들어가는 강들은 계속해서 소금을 첨가한다는 사실에 토대를 두고 있다. 그러나 이 방법으로 바다의 나이를 결정하려면 현재 소금의 농도가 증가하는 속도를 정확히 측정하여 이것으로부터 침식작용과 증발 속도의 변화를 고려하여 과거의 속도를 추정할 수 있어야 한다. 예컨대 빙하 시대에는 북대서양의 염도(鹽度)의 증가 속도가 현재의 속도보다 훨씬 작았음에 틀림없다. 이것은 매우 힘든 일이므로 이 방법으로 계산한 바다의 나이는 정확하지 못하다. 그러나 이것은 우리가 지금까지 말한 다른 방법으로 추정한 나이와 잘 일치한다.

그러나 이 추정들은 지각의 형성에만 적용됨을 기억해야 한
다. 고체화가 일어나기 전에 지구의 표면이 용융되어 있던 오
랜 기간이 있었으며(이것에 대해서는 충분한 지질학적 증거가
있다), 또 이보다 앞서 지구가 거대한 기체 구름에서 응축하던
보다 오랜 기간이 있었다(이 가설에 대한 증거도 매우 크다).
이 세 기간들을 합하면 65~70억 년이 된다. 이것이 곧 지구의
추정 연령이다.

이것은 태양의 추정 연령이기도 하다. 과학자들이 최근까지
가정했던 것처럼 지구와 다른 행성들이 태양으로부터 생긴 것
으로 알고 있던 사람들은 이것을 의아하게 생각할 것이다. 독
자는 행성들의 탄생에 대한 어떤 이론들을 잘 알고 있을 것이
다. 한 이론은 태양이 다른 별과 충돌하여 대파국이 일어났으
며 행성들은 원래 태양으로부터 부서져 나온 파편들이라는 것
이다. 보다 그럴듯한 또 하나의 이론은 독일의 철학자 칸트
(Immanuel Kant, 1724~1804)와 프랑스의 수학자 라플라스
(Pierre Laplace, 1749~1827)가 제창한 이른바 '고리 가설
(Ring Hypothesis)'이다. 이 이론에 의하면 태양은 원래 다소
차가운 기체 구름이었는데 이것이 수축하면서 뜨거워지고 점점
빨리 회전하게 되어 마침내 원심력에 의해 기체 고리들을 잇달
아 내뿜게 되고, 이들이 후에 응집하여 행성이 되었다는 것이
다. 20세기 영국의 물리학자이자 천문학자인 진스(Sir. James
Jeans, 1877~1964)에 의해 개발된 또 하나의 설득력 있는 이
론은 지나가는 별의 조석력에 의해 태양 표면으로부터 빨려 나
온 기다란 기체 물질로부터 행성들이 생겼다는 것이다. 이 모
든 이론들은 수학적으로 자세히 전개하면 행성 궤도의 모양과

간격, 공전 속도, 기체가 농축되어 고체로 변하는 과정, 그리고 두 별들이 가까이 접근할 확률(이것은 거의 불가능에 가까울 정도로 작다)에 있어 어려운 문제에 봉착하게 된다. 그러나 이 이론들에 대한 가장 주요한 반론은 별의 구조와 에너지 생성에 대한 연구 및 앞에서 말한 지구의 나이에 관한 연구로부터 나온 것이다.

오랫동안 우리는 태양의 복사에너지에 대해 올바른 설명을 할 수 없었다. 이것은 무엇으로부터 어떤 과정을 통해 나오는가? 영국의 물리학자 켈빈 경(Lord. Kelvin, William Thomson, 1824~1907)은 태양이 자신의 중력에 의해 수축하는 과정에서 열과 빛이 발생한다는 것을 제안하였다. 그러나 이런 방식으로 생성된 에너지는 태양의 복사선을 2000만 년 이상 지속시킬 수 없다는 계산 결과에 의해 이 설명은 실패로 돌아갔다. 에너지 방출을 태양의 방사능으로 설명하려는 시도도 이런 방식으로 생성되는 에너지가 최근의 지질학적 역사 중에 태양이 소비했을 에너지의 일부밖에 되지 않는다는 계산 결과에 의해 수포로 돌아갔다.

아인슈타인이 그의 상대성 이론(Relativity Theory)과 질량-에너지식(Mass-Energy Equation, $E=mc^2$)을 발표한 후에야 비로소 태양에너지에 대한 올바른 설명을 정립할 수 있었다. 곧 태양의 에너지가 원자에 기원하고 양성자와 반양성자, 전자와 양전자의 쌍이 서로 소멸시키면서 거대한 에너지로 변하는 물질의 소멸에 의해서나 혹은 수소 원자들이 융합하여 물질의 극히 작은 부분이 에너지로 변하는 과정에 의해 에너지가 생성될 수 있음을 깨닫게 되었다. 물질 소멸에 의해 방출될 에너지의 양은 믿을 수 없을 정도로 막대한 양이다. 영국의 천문학자 존스(Harold Spencer Jones, 1890~1960)는 다음과 같이 기술했다.*

1온스의 석탄으로부터 우리는 10만 마력의 엔진을 1년 동안 가동하기에 충분한 에너지를 얻을 것이다. 만약 물질의 소멸이 별들의 에너지의 원천이라면 별들은 수조(兆) 년 동안 에너지의 방출을 지속할 수 있을 것이다.

그러나 그는 이론적으로 이 과정이 수십억 도의 고온에서만 일어날 수 있는 반면 별들의 내부에서 도달하는 최고의 온도가 약 2000만 도로 추정됨을 지적하였다.

그리하여 과학자들은 핵융합에 의한 과정을 고려하게 되었는데, 현재는 이것을 일반적으로 받아들이고 있다. 질소와 탄소를 촉매(자신은 변하지 않고 반응에 영향을 주는 물질)로 하고 반복해서 일어나는 한 특수한 순환 과정에 의해, 태양의 복사선을 유지할 만한 속도로 수소로부터 헬륨이 만들어지는 것이 증명되었다. 헬륨 원자가 네 개의 수소 원자들로부터 만들어질 때 그 무게는 수소 전체 무게의 139/140이며 나머지 1/140이 에너지로 변하는데 이것이 태양복사에너지와 수소폭탄의 파괴력의 기본 단위이다.

그러나 수소융합 가설을 받아들이면 태양의 나이에 심한 제한이 가해진다. 이것은 질량의 소멸을 에너지의 원으로 가정했을 때는 이 나이를 수천억 년으로 잡을 수 있음에 비해 제한된다는 뜻이다. 태양과 우리 은하의 다른 별들은 그들의 현재 크

*『다른 세상의 생명(Life on other Worlds)』(Motor Book, New American Library), p. 148

124

기, 밝기, 운동, 서로 간의 관계 및 그들의 스펙트럼들을 분석하여 알아낸 조성을 토대로 판단해 보면 지구와 다른 행성들보다 별로 오래되지 않았다. 이것이 암시하는 것은 모두가 한 번의 거대한 창조적 과정에서 거의 동시에 생성되었다는 것이다. 대부분의 천문학자들은 복잡한 수학적 계산을 하고 강력한 망원경으로 우주의 심연을 탐구함으로써 이러한 사실을 점점 더 확신하게 되었다. 세계의 나이는 이 정도로 설명하자. 창조 과정 자체는 어떠한가?

네 가지 이론

이론과 논쟁의 혼란 속에서 네 가지 일반적 가설들이 나타나게 되었는데, 이들은 서로 간에 많은 차이가 있지만 모두 성경의 이야기와 비슷한 점이 많아서 성경의 이야기를 실제로 일어난 사건의 시적(詩的)인 은유처럼 보이게 한다. 세 가지 가설들은 약 70억 년 전인 태초에 우주가* 실제로 형태가 없고 공허하였으며, 암흑이 심연을 덮고 있었음에 동의한다. 이들은 또한이 처음의 심연이 물로 차 있는 바다가 아니라 기체의 성질을 가진 원시적 혼돈의 바다로 보아야 하며 무엇인가 그 위에, 그리고 그 안에서 움직여 원시 물질의 변환과 결합을 모든 방식으로 일으키기에 충분한 거대한 열을 가진 빛을 만들었다는 점에도 동의한다. 그러나 이 가설들은 원시적 혼돈과 이것으로부터 질서가 태어난 방식에 있어서는 크게 다른 견해를 나타낸다.

넷 중의 하나는 가모프(George Gamow, 1904~1968)**의

---

*네 가설들 중의 하나는 전 우주의 창조에 대한 것이다. 나머지는 우리의 태양계가 속하는 특수한 은하에 한정된 것이다.

이론과 연관된 것인데 이 가설에서는 원래의 심연을 사람이 직접 관찰한 적이 있는 어떠한 고체보다도 더 밀도가 큰 매우 뜨거운 기체로 본다. 이러한 물질을 기체로 생각하는 것이 이상하게 보일지 모른다. 그러나 기체는 단단한 구조를 갖지 않고 압축성, 성분입자들의 무질서한 운동 등으로 정의되는 상태인데 이러한 성질들을 기준으로 삼으면 가모프가 아일럼(Ylem)이라 부른 이 원시 물질은 액체의 성질을 가지기도 했지만 기체임이 분명하다. 처음에도 이것은 밀도가 크고 뜨거웠지만 더욱 수축하여 이것의 소립자들이 물보다 2.41014배나 더 밀집하고 물의 표면장력보다 10^{18}배나 되는 표면장력을 가진 덩어리가 되었다. 이것은 반지름이 태양의 반지름의 8배밖에 되지 않는 구(球)였으나 현재 수십억 광년*의 폭에 헤아릴 수 없이 많은 별들을 갖고 회전하고 있는 우리 은하 중의 모든 물질을 담고 있었다. 이것의 1세제곱인치는 1억 톤 이상의 무게를 가졌을 것이다.

이 분리되지 않은 '원자핵 유체(Nuclear Fluid)'(가모프의 모형에서는 이것이 한 개의 거대한 원자핵이다) 내의 압력은 믿기 어려울 정도로 큰 값이었으며 곧 더 이상 증가할 수 없는, 즉 유체를 더 이상 압축할 수 없는 점에 도달했다. 이 점에서

**콜로라도대학의 물리학 교수를 역임한 가모프는 현대 과학이 기술하는 물리학적 및 생물학적 세계에 대해 일반을 위한 책을 4권 썼다. 이 책들 중에 그의 창조 이론이 나와 있다. 이들의 제목은 『지구의 전기(The Biography of the Earth)』, 『태양의 탄생과 죽음(The Birth and Death of the Sun)』, 『하나 둘 셋… 무한(One Two Three… Infinity)』 및 『우주의 창조(The Creation of the Universe)』(현정준 역, 1973)이다.
*광년이란 빛이 1년 동안에 진행하는 거리이다. 빛의 속도는 초속 30만 ㎞이므로 1광년은 약 10^{13}㎞이다.

126

수축을 일으키는 중력과 표면장력이 갑자기 내부 복사선의 강한 압력보다 작아지게 되었다. 여기에서 거대한 반응이 일어났던 것이다. 농축된 전 우주가 강력한 빛과 열을 내며 폭발하여 2초 이내에 물질의 밀도가 물의 밀도의 약 100만 배로 줄어들고, 몇 시간 이내에 물의 밀도와 같은 수준으로 떨어지게 되었다. 이때쯤에는 가장 무겁고 복잡한 원소까지 포함해서 모든 원소들이 창조되었을 것이다. 사실상 폭발 시의 강렬한 열에 의해 이 모두는 첫 30분 동안에 생성되었을 것이다. 또한 이때쯤에는 팽창하는 기체가 중력적으로 불안정하여 어떤 중심 영역들에서 농축되고 이 중심들 사이에서는 엷어지기 시작했을 것이다. 이렇게 시작된 과정에 의해 광활한 영역이 식어 가는 기체의 구(球)들과 미세하게 분산된 먼지로 나누어지게 되었다. 이 구들은 전체적 크기로서 확장을 계속하면서 그들과 그들 이웃 간의 간격은 더욱 넓어졌다. 동시에 그들은 수많은 보다 작은 구들로 쪼개졌다.* 이 작은 구(球)들은 점점 더 많은 물질

*우주가 진화해 온 장구한 시간과 광활한 공간에 비추어 창조가 이렇게 급작스럽게 이루어진 것을 믿을 수 없다면 탄생과 죽음은 그 사이의 기간이 얼마나 길든 간에 언제나 갑작스런 사건임을 기억하면 좋을 것이다. 가모프가 생각하는 우주의 탄생은 외관상 별들이 수십억 년 동안 빛나다가 가끔 초신성(supernovae)이라는 거대한 폭발로 몇 시간 만에 자멸해 버리는 관찰된 사실보다 훨씬 더 놀라운 일이 아니다. 이 별들은 빛을 내고 천천히 식는 기체의 구름으로 넓게 퍼진다. 실제로 어떤 과학자들은 초신성을 가모프가 우주 창조에 대해 제안한 것과 매우 비슷한 과정으로부터 생긴 것으로 설명하였다. 이 설명에 의하면 별은 갑자기 수축하며 반지름이 12시간 만에 1/100로 줄어들어 내부를 갑자기 거의 분화되지 않은 '원자핵 유체'로 압축한다. 이때 내부 복사의 세기가 별의 바깥층을 날려 보내고 유체의 거대한 팽창에너지를 방출시킨다. 부피가 커짐에 따라 유체는 독립적인 원자핵과 전자들로 분화하며 곧 모든 안정한 원소의

을 모으게 되어 밀도와 내부 압력이 증가함에 따라 점점 더 뜨거워져 마침내는 빛을 발하는 구가 되었다. 이것은 처음에는 철과 다른 무거운 원소들 1%, 질소, 탄소 및 산소 1%, 헬륨 5% 이하, 그리고 수소 93% 이상으로 구성되어 있었다. 이 별들이 응집할 때 물질의 일부는 바깥에 남아 회전하는 '거대한 기체의 외피(外皮)'를 형성하였는데 이 중에 지구의 재료가 된 '먼지' 입자들이 들어 있었다. 충돌에 의해 작은 입자들은 큰 것들에 파묻히게 되고 단단한 물질 덩어리로 변하여 태양계에서는 지구와 기타 행성들이 되었다. 가모프는 여기에서 독일의 물리학자 바이츠제커(Carl von Weizsäcker, 1912~2007)가 제안한 이론을 받아들이고 있는데, 그는 집합 과정이 약 1억 년 이내에 완성되었을 것으로 계산하였다.

이리하여 별들과 이 별들을 돌고 있는 상대적으로 조그만 행성들로 이루어진 거대한 계들을 비롯해, 그들의 축 주위로 서서히 회전하고 있는 은하들이 형성된 것이다. 또한 이것으로 이 은하들이 서로 간에 상대적으로 움직이고 있는 방식도 설명할 수 있다.

이 마지막 사실은 언뜻 보면 매우 이상하게 느껴진다. 모든 은하들은 우리의 은하로부터, 그리고 서로 다른 것으로부터 멀어져 가고 있는 것처럼 보이는데 그 속도는 떨어진 거리가 클수록 커진다. 왜 이렇게 생각하는 것일까? 빛의 특이성 중의 하나는 광원(光源)이 관측자에 접근하고 있을 때는 빛의 빛깔이 스펙트럼의 보라색 쪽으로 이동하고, 광원이 멀어져 가고 있을 때는 붉은색 쪽으로 이동한다는 것이다. 그리고 이동하는 정도

원자들을 형성하게 된다.

는 광원이 접근 혹은 후퇴하는 속도에 따라 달라진다. 이것을 **도플러 효과**(Doppler Effect)라고 부르는데 은하의 스펙트럼에 이것이 뚜렷이 나타난다. 한 은하가 우리에게서 멀리 떨어져 있을수록 그것의 스펙트럼 중에 '장파장 이동(Red Shift)'이 더 크게 일어나고 따라서 후퇴 속도가 더 큰 것을 추론할 수 있다. 과학자들은 이것으로부터 우주가 전체적으로 팽창하고 있으며 그 결과 마치 장난감 풍선 위에 찍어 놓은 두 점들이 풍선을 불면 서로 멀어지는 것처럼 은하들이 서로 다른 것에게서 멀어지는 것으로 결론을 내렸다. 이것은 물론 가모프의 가설에 의하면 우주의 첫 폭발이 계속적으로 나타내는 효과이다.

'대폭발(Big Bang)' 창조에 비해서 첫 광경은 그렇게 장엄하지 않으나 철학적인 의미에서는 보다 놀라운 과정을 영국의 천문학자 겸 수학자인 호일(Fred Hoyle, 1915~2001)과 그의 동료 연구자들이 생각해 내었다. 그는 가모프의 우주론에 암시적으로 들어 있는 제1 원인(First Cause) 혹은 만물을 움직이는 신(Prime Mover)의 가정을 배격하고 우주가 **전체적**으로 영원하다고 믿는다. 우주는 시작도 없고 끝도 없는 것이다. 이것은 또한 무한하다. 만약 우리가 우주의 경계 면으로 정할 수 있는 곳까지 여행해서 경계 바깥을 바라보아도 그곳은 안쪽과 마찬가지로 물질과 에너지로 차 있을 것이다. 물질이 무(無)로부터 계속해서 창조되고 있기 때문이다. 물질은 한 고층 건물이 차지하는 크기의 공간 안에서 1년에 한 원자의 속도로 창조되고 있다. 이것은 사람이 직접 관찰하기에는 너무 느린 속도이나 우리가 관측할 수 있는 우주 내의 모든 물질을 설명하기에 충분하다. 실제로 우주가 너무나 엄청나게 크기 때문에 "총

속도는 초당 10^{32}톤에 해당한다"고 호일은 적고 있다.

호일이 '대폭발' 이론보다 연속적 창조를 택하는 데는 몇 가지 이유가 있다. 우선 전자는 수학으로 표현할 수 없는 반면 후자는 정확한 방정식으로 제시할 수 있으므로 그 계산 결과를 실험적인 관찰과 비교할 수 있다. 다음으로 연속적 창조는 태초 이전에는 어떤 일들이 일어났는가, 우주가 끝난 후에는 무엇이 일어날까, 우주의 바깥에는 무엇이 있을까 등 사람의 정신이 묻지 않을 수 없는 질문들을 회피할 수 있으므로 갑작스런 폭발보다는 믿기가 덜 어렵다는 것이다. 세 번째로 연속적 창조는 폭발 가설이 제기하는 문제들에 대해서도 해답을 준다. 예컨대 만약 우주가 70억 년 전에 일어났던 단 한 번의 격렬한 폭발의 결과로 팽창하고 있다면 기체 물질이 어떻게 빙글빙글 돌아 은하들로 응집되었을까? 호일은 이 과정이 어떻게 일어났는지를 설명하는 수학적 기술이 만족스럽지 못하다고 본다. 반면에 '새로운 물질이 바깥쪽으로 향하는 압력을 내어 지속적인 팽창을 일으키며' 은하들의 중력장에 의해 이 '배경 물질'에 불규칙성이 생겨 새로운 물질이 계속 새로운 은하들을 만드는 것으로 가정하면 모순이 제거된다고 주장하였다. 또 하나의 질문은 만약 수소가 모든 별에서 계속해서 대량으로 소모되고 있다면 어떻게 우주는 '아직도 대부분 수소로 구성되어 있는가' 하는 것이다. 폭발 가설은 해답을 주지 않으나 연속적인 창조는 간단히 새로 만들어지는 원자들이 수소 원자들이라고 가정한다.

그리하여 호일에 의하면 우리의 은하가 시작될 때는 중력에 의해 한데 모인 회전하는 거대하고 납작한 원반이었으며 이것은 이와 비슷한 다른 원반들로부터 분리된 것이었다. 우리의 기체 원반은 너무 크고 퍼져 있어서 중력적으로 불안정하였다. 이것이 축 주위로 회전함에 따라 각 은하 내에 농축된 곳이 생기고 전체적 회전에 의해 각각이 각운동량을 갖게 되었다[각운동량은 물리학의 기본 개념 중의 하나이다. 이것은 물체의 질량(m), 각속도(v) 및 회전축으로부터의 거리(h)의 곱(mvr)이다]. 이 기체의 소용돌이들은 분리되어 빙빙 돌아가는 구름들이 되었고 이들이 다시 보다 작은 구름들로 쪼개졌는데, 이들은 각각 어버이 구름보다 더 밀집되어 있고 고온이었으며 그러다가 마침내 별들이 탄생하였다. 별이란 내부의 에너지가 매우 커서 더 이상의 수축을 억제하고 표면 복사를 통해 상실되는 에너지를 보충하기에 충분한 발광체이다. 이런 하나의 별이 태양이었다.

그러나 다시 호일에 따르면 우리의 태양은 태어날 때 독자(獨子)가 아니었다. 태양은 그것보다 훨씬 크고 불안정한 형제를 갖고 있었다. 이들은 천문학에서 이중계(二重系)라고 부르는 것을 형성하였다. 이러한 계들은 매우 흔한 것이다. 짝별들 간의 거리는 매우 다르지만 모든 별들의 거의 반은 쌍으로 존재한다. 이 거리는 때로 1/10광년(光年)이나 되고 어떤 경우에는 1광분(光分)도 되지 못한다. 이 이론에 의하면 태양의 짝은 폭발했기 때문에 그것이 폭발했을 때 일어난 일을 설명하기 위해서 태양으로부터 약 1광시(光時)쯤 떨어져 있었던 것으로 계산되었다. 이것은 초신성이 되어 그것이 갖고 있던 대부분의 물질은 시속 수백만 ㎞의 속도로 별들 사이의 공간으로 폭발해 나가고, 며칠 동안 우리의 은하에 들어 있는 100억 개의 다른

별들을 모두 합쳐 놓은 것보다 더 강한 빛을 발하였다. 원래의
별 중 남은 부분은 우리의 태양으로부터 반동하여(Recoil), 여
행을 시작하면서 젊은 시절의 짝에게 작별 인사로 기체의 흐름
을 보냈는데 이것이 태양의 중력장 내에 잡히게 되었다. 이 기
체 구름은 식으면서 태양 주위를 도는 납작한 원반으로 퍼지게
되었는데, 이것은 태양의 조성과 전혀 다른 원자조성을 가졌다.
이것은 태양의 내부 온도보다 300배나 높은 고온에서 핵융합
에 의해 수분 내에 형성된 가장 무겁고 복잡한 원자들을 가지
고 있었던 것이다. 이 구름은 불균일하게 분포되어 있었다. 이
것은 또한 물의 어는점보다 훨씬 낮은 온도로 냉각되어 있었
다. 그 안에서 화학반응을 통해 원자들이 결합하여 분자를 이
루었다. 제프리스(Sir. Harold Jeffreys, 1891~1989)와 파슨
스(A. L. Parsons)가 지적한 바와 같이 이 분자들은 지구 대기
중의 구름에서 물방울들이 형성되는 것과 비슷한 과정에 의해
고체들의 집단으로 모아졌음에 틀림없다.

　물론 이 물체들 간에 격렬한 충돌이 자주 일어나 이들의 대
부분은 조만간 기체 상태로 분해하였으나 소수는 오랜 기간 동
안 이러한 충돌을 면해 반지름이 약 160km인 단단한 구(球)들
로 자라게 되었다. 이 결정적인 단계에서 성장을 가능케 한 주
된 힘은 느린 응집 과정 대신에 고체 자체가 공간에서 자전하
면서 만들어 놓은 중력장으로 바뀌게 되었다. 그 후에는 각 천
체가 그것이 통과하는 기체들과 우주먼지들을 빨아들여 훨씬
더 빨리 성장하게 되었다. 호일의 계산에 의하면 지구만큼 큰
천체가 되기까지는 10억 년이 소요되었을 것이나 이 크기에서
지구보다 지름이 11배이고 질량이 317배인 목성만큼 커지는

132

데는 10만 년밖에 걸리지 않았을 것이다. 그럼 지구는 왜 더 이상 자라지 않았는가? 양식이 떨어졌기 때문인가? 그렇지는 않다. 호일의 설명에 의하면 지구는 실제로 결코 성장한 적이 없기 때문에 성장을 중지했다고 말할 수 없다. 실제로는 '원래의 응집체들'이 점점 더 빠른 속도로 자라서 마침내 원래의 원반에 들어 있던 물질을 모두 꾸려 넣어 목성보다 더 큰 질량들을 얻게 되었다. 이 동안에 계속 냉각하고 점점 더 밀도가 커졌다. 그러자 그들은 또 하나의 결정적인 순간, 즉 이 물체들처럼 빨리 자전하면서 원래의 모양을 그대로 유지할 수 없는 크기에 도달한 것이다*(이들은 7시간 이내에 한번씩 자전한 것으로 추정되었다). 이 점에서 이들은 호일이 물질의 '방울'이라고 부르는 것들로 쪼개졌는데 이들 중 어떤 것은 가장 큰 행성들의 위성이 되었고 어떤 것은 어버이 행성의 중력장을 탈출하여 자신의 궤도를 따라 태양 주위를 공전하게 되었다. 지구는 이 후자 중에 속했다. 이것과 밀접히 연관된 훨씬 작은 '방울' 하나가 달이 되었다.

호일은 창조의 마지막 사건, 즉 지구의 탄생이 약 40억 년 전에 일어난 것으로 추정한다.

---

*이 결정적 순간은 고체의 바깥층들의 무게가 원자들을 문자 그대로 박살내어 내부를 와해한 순간과 일치하였다. 인도의 천체물리학자 코타리(D. S. Kothari)는 현대 원자론을 토대로 하여 1cm²당 1000만 kg의 무게가 원자들을 분쇄할 것으로 추정하였는데 목성의 중심부에 이것과 비슷한 무게가 생긴다. "그러므로 목성은 우주에 존재할 수 있는 가장 큰 냉각된 물체를 나타낸다"라고 가모프는 그의 『태양의 탄생과 죽음(The Birth and Death of the Sun)』(Mentor Books, New American Library, 1952), p. 148에 적고 있다. 만약 그 원시적 천체가 부서지지 않고 목성의 크기 이하로 수축했다면 이 이론에 의해서는 지구가 생성되지 못했을 것이다.

시카고에 있는 여키스(Yerkes) 천문대의 카이퍼(Gerard P. Kuiper, 1905~1973)*가 요약한 세 번째 창조 이론은 몇 가지 점에서 지금까지 우리가 기술한 것들과 비슷하다. 이것은 모든 것의 기원을 기술하려고 하지 않으며 우주의 영원성을 주장하지도 않는다. 그러나 이것은 **원시성**(原始星, Protostar)이라 부르는 별들 사이의 냉각된 구름이 공간 중을 자전하면서 스스로 뭉쳐 태양이 되었다는 점에 동의한다. 이 원시성은 약 8천만 년 동안 계속 수축하여 마침내 처음 크기의 1000만 분의 1로 축소하였다. 그리고 이 기간의 마지막 몇 백 만 년에 이르러서 지름이 현재 수성 정도만큼 된 후에야 약하게 빛을 내기 시작하였다. 이때쯤에는 총질량의 작은 부분(약 6%)이 나머지로부터 분리되어 태양 주위를 도는 '태양의 성운(星雲)'이 되었다. 그리고 태양은 아직 어두운 별이고 성운은 점차 복사에 의해 열을 별들 사이의 공간으로 상실했기 때문에 이 성운은 매우 찬 기체가 되었다. 사실상 이것의 온도는 50°K** 이하로 떨어졌으며 그동안 같은 과정의 일부로서 이것의 밀도가 증가하여 중력적으로 불안정한 매우 얇고 납작한 원반이 되었다. 그 후 이 원반은 중력에 의해 여러 개의 분리된 기체 구름들 혹은 원행성(原行星)들로 쪼개졌는데, 그중의 하나가 원지구(原地球)였다.

원지구는 처음에 매우 찬 원반 모양의 구름이었으며, 현재 지구가 갖고 있는 물질의 500배나 되는 양을 가졌고 지름은

*1957~1958 국제지구관측년에 관련하여 베이츠(D. R. Bates)가 편집한 논문집 『지구와 그 대기(The Earth and Its Atmosphere)』(Basic Books, 1957) 중에 있다.
**50°K는 -223℃에 해당한다.

현재의 지름의 1,800배나 되었다. 왜냐하면 그것은 대부분 기체 구름이었기 때문이다. 이것의 원자들의 99%는 수소와 헬륨이었으나 네온, 메탄 및 암모니아도 존재하였고 미량의 수증기도 들어 있었다. 그러나 구름에 들어 있던 대부분의 물은 얼어서 눈이 되어 있었으며 구름 속에 미세한 먼지로 떠돌아다니던 고체 물질의 일부를 이루었다. 이 먼지는 그 알갱이들이 제프리스와 파슨스가 기술한 응집 과정을 통해 점점 커지며 수백만 년에 걸쳐 원반의 중심을 향해 나선을 그리며 안쪽으로 몰려들었으며 마침내 그 중심에 단단한 지구가 형성되었다.

마지막으로 다른 세 이론들의 몇 가지 문제점을 해결하는 것으로 보이는 네 번째 유망한 이론은 스톡홀름공과대학의 알벤(Hannes Alfvén) 교수가 제안한 것이다. 그의 이론은 자기장 내에서의 이온화된 기체들을 취급하는 '자기유체역학(Magneto-hydrodynamics)'으로부터 나온 것이다. 알벤의 첫째 요점은 우주의 비교적 작은 부분에서, 그리고 매우 특수한 조건 아래에서만 원자들이 지구 위에서 행동하는 것처럼 유체역학(流體力學)의 법칙을 따른다는 것이다. 다른 곳에서는 대부분의 물질이 이온화된 기체로 존재한다.

알벤에 의하면 창조 당시 태양이 매우 뜨거운 이온화된 우주 구름의 중심을 형성했을 때, 태양의 자기장이 하전된 구름에서 태양으로부터 가장 멀리 떨어진 부분을 보호하였다. 이것이 냉각함에 따라 이것의 원자들 중 일부가 전자를 얻어 전기적으로 중성이 되었다. 이들이 태양 쪽으로 떨어지기 시작하여 수백만 ㎞를 지나감에 따라 엄청난 속도로 가속되었다. 조만간 이들이 태양 주위의 기체 원자들과 충돌하여 다시 이온화하고 태양의 자기장에 의해 정지당하고 보호되었다. 이 과정은 선택적으로 일어났다. 가장 쉽게 이온화하는 원소들은 태양으로부터 가장 먼 곳에 정지하였고 쉽게 이온화하지 않는 것은 태양 가까이로 왔다. 그리하여 원래의 우주 구름은 태양 주위를 동심원 궤도를 따라 공전하는 작은 구름들로 분리되었다. 태양으로부터 가장 멀리 떨어진 구름이 가장 빨리 냉각하였고, 이것이 식음에 따라 원자들의 일부가 응집하여 먼지 입자들을 형성하였으며, 이들이 다시 점점 더 큰 고체로 응집하여 결국 목성, 토성, 천왕성 및 해왕성을 형성하였다. 태양 가까이에 있던 또 하나의 구름이 화성과 우리의 달을 형성하였다. 이 원시 구름은 처음에 태양에 가장 가까이 있던 구름의 가장자리와 겹쳐 있었는데 이것으로부터 수성, 금성 및 지구가 생겼다.

지질학적 힘으로서의 물

지구는 초기에 주위 공간으로 열을 방출하는 용융된 덩어리였다. 이것에 대한 지질학적 증거는 대부분의 과학자들에게 충분한 것으로 보인다. 과학자들 간에는 지구가 왜, 그리고 어떻게 응집하면서 점점 가열되었는가에 대해서도 의견의 일치를 보고 있다. 한 가지 인자는 밀도가 커짐에 따른 중력에너지의 방출이었다(이 논제는 이 책의 범주 밖에 있다). 또 하나의 인자는 당시에는 지구 상에서 현재보다 약 15배나 더 강렬했던 방사능이었다. 또 다른 인자들도 있었으며 이들이 모두 합해서 지금보다 더 빠른 속도로 자전하고 있던* 얼어붙은 구($球$)를

---

*달의 중력이 미치는 조석 마찰은 지구의 자전에 브레이크로 작용하여 하루의 길이를 12만 년마다 1초씩 증가시킨다. 용융된 지구의 하루는 3~4

녹였던 것이다. 구심력과 원심력 및 점성이 큰 액체 덩어리 안의 대류에 의해 이 녹는 기간 중에 행성의 물질이 별개의 동심 구역들로 분리되었다. 시간이 흐름에 따라 지구는 아직도 무거운 물질(주로 철이고 약간의 니켈과 규산염이 들어 있다)이 용융 상태로 있는 내핵과 그것을 둘러싸고 있는 가벼운 물질의 층들, 그리고 이것의 가장 바깥층에 해당하는 두께 수백 킬로미터의 현무암(Basalt)의 맨틀(Mantle), 그리고 그 바깥에 두께가 10~35km인 얇은 지각이 있는 구조를 갖게 되었다(그림 5-1). 맨틀은 아래로부터 위로 차차 고체화해서 단단한 지각의 형성을 수백만 년 동안이나 지연시킨 것으로 믿을 만한 이유가 있다. 이 뒤의 사건은 이미 앞에서 말한 바와 같이 약 45억 년 전에 지질학적 역사의 출발점이 되었던 것이다.

이때쯤에는 지구는 원래 그것을 둘러쌌던 기체를 거의 모두 잃어버렸다. 고체화가 시작되었을 때 지구는 지금의 달처럼 거의 대기를 갖지 않았음에 틀림없다. 이것은 녹고 어는 거대한 과정에서 막대한 양의 열이 주위 공간으로 방출된 결과였다. 원래의 기체층이 열을 흡수함에 따라 성분분자들이 점점 빨라져 마침내 평균 속도가 초속 3km에 달했다. 이것은 기체들이 지구의 중력장으로부터 빨리 탈출할 수 있는 속도이다. 대기 중에서 분자의 평균 속도가 지구로부터의 탈출 속도(초속 11km)의 1/4을 넘으면 이 대기는 비교적 짧은 시간에 외계로 분산될 것으로 계산되었다. 그리하여 원래 대기의 99%를 차지했던 수소와 헬륨은 사라졌다. 유독한 메탄과 원래 대기 중의 산소, 질소 및 수증기도 도망가 버렸다. 가장 무거운 비활성기체

시간밖에 되지 않았을 것이다.

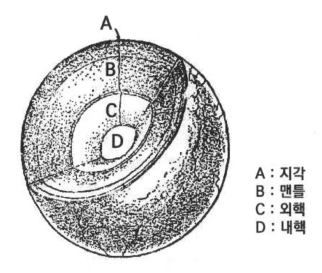

A : 지각
B : 맨틀
C : 외핵
D : 내핵

〈그림 5-1〉 지구는 균일한 구조가 아니고 층 구조이다. 단면은 그림과 같이
　　　　　보일 것이다

들도 거의 남지 않고 사라졌다.

그러나 이렇게 공기가 결핍된 상태가 오래 지속되지는 않는
다. 기체들이 녹은 마그마(Magma) 사이로 방울을 내며 올라오
고, 점점 커지는 고체 섬들의 틈 사이로 솟구쳐 나오고, 뜨거운
표면에서 증발하여 새로운 대기를 형성하였는데, 지구는 곧 이
것을 유지할 수 있을 정도로 차가워졌다. 이것은 지구가 잃어
버린 대기와는 전혀 판판이었으며, 현재 지구의 대기와도 달랐
다. 그중에는 유리산소가 거의 없었으며 이산화탄소가 많았고
대량의 수증기가 들어 있었다.

만약 우리가 당시에 금성에서 지구를 바라볼 수 있었다면 밤
하늘의 모든 천체들 중에서 가장 빛나는 별 중 하나로 보였을
것이다. 물론 하늘의 나머지 부분은 현재와 같다고 가정했을

때 이 말이 성립된다. 가장 강력한 망원경을 통해서도 지구는 현재 우리에게 보이는 금성처럼 보였을 것이다. 당시의 지구는 현재의 금성처럼 조각나지 않은 구름 덮개로 싸여 있었고 이것의 눈부시게 흰 바깥 표면이 그곳에 떨어지는 모든 햇빛의 60%(달의 경우는 7%)를 반사했기 때문이다. 그리고 흡수된 40% 중에서 가시광선은 지표에 도달하지 못했다. 지구를 둘러싼 구름이 너무나 두텁고 조밀했기 때문이었다. 수백만 년 동안 외계로부터 숨겨진 채로 끊임없는 불과 불꽃이 내뿜는 연기, 그리고 출렁대는 수증기의 파도, 중세의 미신이 지옥의 모습으로 고안한 이런 무시무시한 광경이 지각 형성 중에 일어나고 있었다. 고체화된 표면 아래에 갇힌 방사성 원소들의 에너지는 아래쪽으로 바위들을 다시 녹여 빛을 발하는 용암의 거대한 분출을 일으켰다. 고체화 시에 불균일한 밀도 때문에 지각이 구겨짐에 따라 산맥이 솟아나고, 고체 표면의 무게가 그것을 지탱하던 구조를 와해시켜 표면의 거대한 부분이 바닥으로 가라앉았다.

이 책의 입장에서는 이 모든 것이 물이 주연을 하는 연극의 무대장치와 같은 것이었다. 그리고 이 모든 일이 진행되고 있는 동안에 물은 자기가 등장할 신호를 기다리며 공중에 떠돌아다니고 있었다. 물은 점점 더 초조해졌다. 실제로 점점 더 많은 물이 물방울로 응결하여 대기 상층의 두꺼워지고 있던 찬층으로부터 계속 아래로 내려오면서 표면의 현장에 적극적으로 참여하려고 노력했으나, 성난 열이 그것을 도로 공중으로 밀어올렸다. 마침내 지구가 그때까지 경험한 가장 길고 어두운 밤이 시작될 즈음에 비가 충분히 냉각된 표면 위에 떨어져 곧 증발하는 대신에 높은 곳으로부터 낮은 곳으로 물이 되어 흐르게 되었다. 그 순간부터 수백 년 동안 끊임없는 비가 억수같이 쏟아졌으며, 새로 노출된 표면이 이산화탄소, 막 생긴 수증기 및 부식성의 기체를 대기 중으로 뿜을 때마다 그 세기가 더욱 강해졌다.

서서히 지구를 둘러싸고 있던 구름의 덮개가 엷어졌다. 서서히 밤의 암흑은 새벽의 여명으로 바뀌었다. 덮개가 여기저기에서 찢어지고 마침내 넓은 영역에서 완전히 분산되어 햇빛이 맑은 공기를 통해 지구의 젖은 표면 위에 쪼이게 되었다. 이때쯤에는 지표에서 아래로 꺼진 부분은 모두 물로 채워졌으므로 실제로 대부분의 빛은 수면 위에 떨어졌다. 첫 바다들이 형성되었는데, 이들은 담수해(淡水海)였다. 이들 중에는 미량의 금속염들만이 들어 있었지만, 그래도 이 미량은 물이 바위를 깎고, 흙을 만들며, 풍경을 형성하는 힘을 이미 발휘하고 있었다는 증거이다. 그때부터 지금까지 이 힘은 쉬지 않고 작용하여 산을 깎아 내리고, 전 대륙을 먹어 들어가며 지각이 부드러운 모양을 가지게 하려고 노력해 왔다. 이 목표가 완전히 달성되면 지구의 표면은 전체가 3~5㎞의 깊이를 갖는 바다가 될 것이다. 그러나 지각이 고체화한 이후 거의 대부분의 기간 동안 대부분의 지표가 바다로 덮여 있었을 가능성이 있음에도 이 목표는 결코 달성되지 않을 것이다. 지표가 마모됨과 동시에 반대로 형성되기도 하기 때문이다. 오래된 산들이 낮아져 평야가 되고 평야가 바다로 씻겨 들어간 후 지하의 힘에 바다 위로 새로운 고원이 솟구쳐 오르고 새 산들이 구름까지 밀려 올라가며 물이 다시 이 모든 과정을 되풀이하게 만든다.

이제 우리는 수소결합으로 설명할 수 있는 물의 특이성이 어떻게 물을 지표의 지질학적 변조에 있어서 가장 중요한 물질로 만들었는가를 알 수 있다.

첫째로 물의 유별나게 높은 잠열과 비열이 고화하고 있던 지각의 냉각 시에 어떤 중요한 역할을 했는지 고려해 보자. 원래의 구름 덮개는 막대한 양의 열을 흡수하여 그것을 상층 대기로 운반했으며 그곳에서 물이 얼 때 열은 외계로 방출되었다. 비의 장막을 떠받쳐서 수 세기 동안 비가 뜨거운 지표에 닿지 못하게 한 에너지는 바로 이 지표로부터 나온 것이며 이 과정 중에 지표는 냉각하였다.

둘째로 물의 유별나게 높은 표면장력이 어떻게 침식력을 증가시키는지 고찰해 보자. 우리는 이 장력 때문에 떨어지는 물방울이 거의 완전한 구(球)가 되고 이것의 표면은 마치 신축성이 있는 막인 양 방울 주위에서 똑 끊어짐을 지적하였다. 다시 말하면 표면이 단단해서 모든 물방울은, 특히 강풍에 날릴 때는 작긴 하지만 매우 효과적인 총알과도 같이 가장 단단한 바위로도 작은 파편들을 만들 수 있다. 표면 위로 흘러서 강으로 들어가는 물은 그것이 운반하고 있는 고체들 때문에 마멸력(磨滅力)을 갖는다. 이 힘의 크기는 물이 운반할 수 있는 물질의 양과 단위무게에 의해 결정되며 물론 강의 유속에 따라서 다르다. 유속을 두 배로 하면 강이 수송할 수 있는 바위의 양은 64배가 된다. 산중의 급류(急流)는 큰 돌들을 아래로 굴려 내리며 내려가는 중에 이 돌들로 다른 바위들을 분쇄한다.

셋째로 물의 용매로서의 뛰어난 능력과 다른 물질을 적시는 두드러진 성질이 높은 표면장력을 합쳐서 침식제로서의 효과를 높이는 것에 대해 고찰해 보자. 초기에 원래 암석이던 지각의 일부가 부서져서 가루가 된 후는 지구 전체적으로 침식이 현재보다 더 심하게 일어났다. 당시에는 침식에 대한 저항이 훨씬 작았기 때문이다. 당시의 원시적 '흙'은 광물 입자들의 느슨한 집합에 불과하였고, 유기물의 응집 효과는 부족하였다. 그러므로 이것은 현재의 흙보다 더 쉽게 물에 분산되었다. 그러나 당시에도 토양 침식의 일반적 과정은 지금과 마찬가지였다. 빗방울이 노출된 흙을 때리면 납작해졌다가 작은 물방울로 부서지면서 흙에다 구멍을 만든다. 동시에 표면장력 때문에 작은 물방울들은 각각 구형을 가지려고 하고 이 효과 때문에 그들은 고무공처럼 공기 중으로 튀어 오른다. 이들의 표면은 그 주위에서 탄력 있는 막처럼 딱 잘라지므로 흙의 미립자들을 퍼내게 된다. 그리고 물이 지표 위를 흘러가면 이 흙을 운반하게 된다. 더구나 물에 분산된 미립자들은 흙에 있는 구멍들을 막아 빗물이 흡수되지 못하게 하므로 노출된 토양으로부터 더 많은 흙이 씻겨 내려가게 한다.

　넷째로 물이 얼 때 나타내는 특유한 행동이 흙을 만들고, 바위와 흙을 수송하고, 일반적으로 지표를 형성함에 있어 어떻게 작용하는지 고찰해 보자. 독자는 뉴 잉글랜드(New England) 지방의 개척자들이 농토를 개간할 때 물을 써서 화강암들을 쪼갠 이야기를 들었을지 모른다. 그들은 바위에다 구멍을 뚫고 그것을 물로 채웠다. 겨울 추위가 찾아오면 그 물이 얼면서 팽창하여 바위를 두 동강 냈다. 자연에서도 같은 과정이 일어난다. 지구사의 초기에 어느 산꼭대기에서 처음으로 온도가 영하로 떨어져 우묵하게 파진 바위에 고여 있던 물이 얼게 된 그

〈사진 5-1〉 알래스카에 있는 매킨리(McKinley) 산의 바너드(Barnard) 빙하가 쌓아 놓은 여러 겹의 중간 퇴석(堆石)을 공중에서 찍은 사진이다. 이것은 빙하의 침식 효과를 극적으로 보여 주고 있다. 퇴석이란 빙하가 운반하는 부스러기들의 퇴적물이다. 중간 퇴석은 두 계곡 빙하들이 합쳐서 하나의 얼음 흐름이 될 때 생긴다

밤 이후로 줄곧 이런 과정이 일어났다. 바위를 쪼개고 흙을 가루로 만드는 물의 능력은 어느점 근방에서 팽창하는 것에만 한정되지 않았다. 대량의 물이 얼어서 빙하가 되면 이것은 매우 강력한 침식력을 보인다(사진 5-1). 빙하가 흐르기 때문이다. 빙하는 물보다 더 육중하게, 그리고 좀 다른 방식으로 흐르지만 이것이 나타내는 지질학적 효과는 물의 효과와 비슷하다. 이것은 움직일 때 바위를 가루로 만들고 지나가는 표면에 구멍을 파며 대량의 바위와 흙을 수송한다. 가장 크고 빠른 빙하는 단단한 물질을 2년마다 2.5㎝, 혹은 1세기마다 1.2m 정도 마멸한다. 이것은 경사가 가파른 곳에 있는 느슨하고 노출된 흙

에 폭우가 쏟아졌을 때 일어나는 침식 속도보다는 느리지만, 전체적인 지질학적 과정에 비하면 매우 빠른 과정이다. 이것은 지질학적 시간으로는 매우 짧은 기간에 높은 산을 평야로 만들 수 있을 만큼 빠른 것이다.

그러면 빙하는 왜 흐르는가? 얼음이 수소결합의 결과로서 갖게 되는 열린 구조 때문이다. 물 분자들을 서로 연결하여 격자 구조를 갖게 하는 '다리'는 고압에서 와해되는 약한 곳이다. 빙하의 밑에 있는 얼음이 받는 압력은 참으로 크다. 그러므로 '다리'가 무너져서 0℃보다 상당히 낮은 온도에서 물이 된다. 이 과냉각된 물이 윤활제 노릇을 하여 그 위에 있는 얼음덩어리가 미끄러지는 것이다. 압력이 제거되면 찬물은 곧 얼어서 다시 격자 구조가 압력에 의해 파괴될 때까지 가만히 남아 있는다. 이것을 되얼음(Regelation)이라고 부르는데 빙하는 이 현상 때문에 흐를 뿐만 아니라 단단한 물체를 피해서 흘러간다. 다른 식으로 표현하면 이 단단한 물체들은 빙하를 둘로 쪼개지 않고 통과할 수 있다. 이 과정이 어떻게 일어나는지 직접 보려면 〈그림 5-2〉와 같이 나무틀 위에 얼음덩어리를 놓고 추가 달린 가는 철사를 걸어 놓은 뒤 전체를 냉장고의 냉동실에 넣어 둔다. 그러면 철사가 얼음덩어리를 지나가는데 얼음덩어리 자체는 전과 같이 단단한 덩어리 하나로 남아 있는 것을 보게 될 것이다.* 추가 달린 철사는 누르고 있는 얼음을 녹이고 과냉각된 물을 지나간다. 그러면 액체가 곧 다시 얼어 버린다.

---

*홀든과 싱어는 그들의 『결정과 결정 성장(Crystal and Crystal Growing)』(Science Study Series, Doubleday, 1960), p. 223에서 이러한 한 실험에서 무게 600g의 추가 달린 철사가 2시간 동안에 약 2cm 움직였다고 말하고 있다.

144

빙하의 흐름에 있어서 되얼음과 밀접히 연관되어 있는 한 과정은 '이행(移行)'이다. 이것도 얼음의 열린 구조 때문에 생기지만 되얼음과 달리 결정이 완전히 녹는 것이 아니라 부분적으로 녹는 것이다. 그러나 결정 중의 수소결합들이 많이 끊어져 결정면이 다른 결정면 위로 미끄러진다. 이러한 정도의 흐름은 얼음 아래의 압축된 물뿐만 아니라 빙하의 바닥에서 물을 많이 흡수한 진흙이 윤활제 역할을 하여 일어나는 미끄러짐 때문에도 생긴다. 우리가 지질학적 힘으로서의 얼음과 빙하에 대해 길게 이야기하는 것은 이들이 지구의 최근 지질사 중 수천 년 동안 수천 km²의 땅에 매우 특징적인 여러 가지 풍경을 조성했기 때문이다. 18세기와 19세기 초에 지질학의 창시자들은 유럽과 북아메리카의 넓은 지역에 걸쳐 '표적물(漂積物)'이 존재하는 것을 의아하게 생각하였다. 이들은 분명히 다른 곳에서 채취되어 현재의 장소로 운반된 돌, 자갈, 진흙 및 모래의 혼합물이었다. 무엇이 이들을 운반해 놓았는가? 퇴적된 물질의 양이 엄청나게 많았으므로 이것을 운반한 것도 엄청난 에너지를 가진 거대한 것이었음에 틀림없다. 1840년에 아가시(Louis Agassiz, 1807~1873)가 이것에 대한 해답을 주었는데 그는 조국인 스위스의 알프스 빙하들과 그들이 한때 덮고 있던 땅에 미치는 영향을 잘 알고 있었다. 그는 두께가 수천 미터이고 곳에 따라서는 수 킬로미터인 얼음판이 한때 북유럽의 대부분, 캐나다 및 미국의 북반부를 덮고 있었음을 확실히 입증하였다.

현재는 여름 태양 아래서 따뜻하고 푸른 초목이 무성한 평야들과 계곡인 곳이 당시에는 현재의 그린란드(Greenland)와 남극처럼 계속 겨울 날씨였다(그림 5-3). 바다에서 나온 수백만

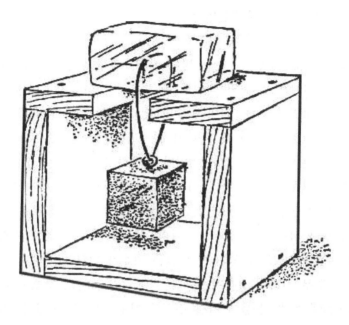

〈그림 5-2〉 얼음이 단단한 물체를 지나가는 것은 집에서도 간단히 실험해 볼
수 있다. 그림에서처럼 얼음덩어리에 가는 철사를 걸어 놓고 추를
달아라. 이 장치를 냉장고의 냉동실에 넣어 두어라. 시간이 지나면
철사가 얼음덩어리를 지나가는데 얼음은 한 덩어리로 남아 있다

㎦의 물이 얼어서 거대한 얼음덩어리들이 되어 지구 전체에 걸
쳐 해면이 100m가량 낮아졌으며, 이 얼음덩어리들의 무게 때
문에 지표의 일부가 수백 m나 가라앉았다. 예컨대 오대호
(Great Lakes) 지방은 땅이 200m나 가라앉았다. 얼음이 북쪽
으로 후퇴하자 바닷물들이 저지대로 밀려 들어왔으며 얼음의
무게가 제거되자 지표가 도로 올라와 바닷물이 밀려 나갔다.
이러한 과정 중에서 미시간(Michigan)주와 뉴욕(New York)주
북부에 있는 해발 수십 미터의 건조한 땅에 고래의 해골을 포

함한 바다의 부스러기들이 남게 되었다. 오대호 자체와 미네소타(Minnesota), 위스콘신(Wisconsin), 미시간 및 뉴 잉글랜드 지방의 수만 개의 호수들은 빙하작용이 남겨 놓은 기념물이다.

지난 100만 년 동안 적어도 네 번의 긴 빙하 시대가 있었던 것으로 보인다. 이들 사이에 수만 년 동안씩 계속된 따뜻한 기간들이 있었다. 또한 각 빙하기에는 얼음덩어리가 들어오고 밀려 나가는 요동이 있었다. 마지막 빙하화(氷河化)는 약 13만 년 전에 시작했으며 세 개의 기간들로 나누어졌던 것으로 추측된다. 첫 기간은 약 3만 년 동안 지속되었는데 얼음이 북극 지방으로부터 남쪽으로 내려와 캐나다 지역과 미국의 북쪽 가장자리를 덮었다. 그 후 약 6만 년간은 기후가 약간 따뜻해져서 얼음이 일부 사라졌으나 북반구의 온대 지방(North Temperate Zone)에 녹색식물들이 자랄 정도로 따뜻해지지는 않았다. 기온은 추위에서 혹한 사이에 있었다. 강수량은 극히 제한되어 있었으며 황량한 대지에는 거대한 먼지구름이 몰려다녔다. 바람이 노출된 흙을 공중으로 몰아 올렸다가 다시 내려놓아 지질학자들이 황토(黃土, loess)라고 부르는 퇴적물을 형성하였는데, 이 흙은 다른 유형의 흙이 경사진 평면으로 침식하는 데 비해 수직 더미로 침식한다. 약 4만 년 전에 이 기간이 끝나고 기후는 더 추워졌으며 얼음이 다시 남쪽으로 기어 내려왔는데 이번에는 지난번만큼 많이 내려오지는 않았다. 이 마지막 빙하 기간은 약 2만 5천 년 전에 이르러서야 마지막 단계로 접어들었다. 이 기간은 아직 끝나지 않았다. 우리는 오늘날 가장 최근의 빙하 시대가 쇠퇴하는 시기에 살고 있다. 현재 그린란드와 아이슬란드(Iceland), 그리고 다른 곳에 있는 높은 산들의 빙하들

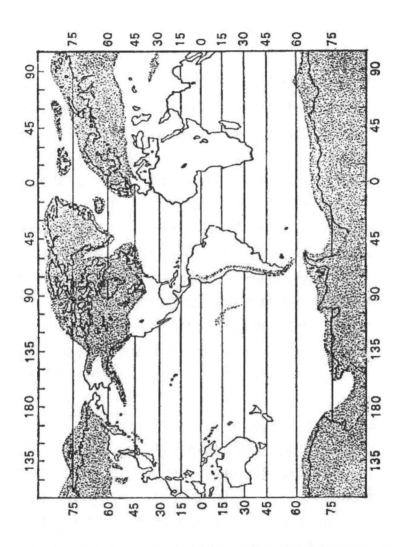

〈그림 5-3〉 빙하 시대에 빙하는 이 지도에서 흐리게 칠한 영역을 덮었다. 마
지막 빙하화(Glaciations)는 약 13만 년 전에 시작하였다

은 천천히 줄어들고 있다.

우리는 언제 새로운 빙하 시대가 찾아올지 말할 수 없다. 그것은 빙하 시대를 일으키는 원인을 확실히 알지 못하기 때문이다. 우리는 최근의 조산(造山) 기간[스코틀랜드 산맥(Caledonian)은 약 3억 년 전, 애팔래치아 산맥(Appalachian)은 1억 5천만 년 전] 중에 생긴 퇴적물에 대한 연구를 통해 빙하 시대가 새로 생긴 대륙 위에 새 산맥이 솟아오른 후에, 그리고 이 올라온 지표들이 침식되어 사라지기 이전에만 일어나는 것을 알고 있다. 언제나 꽁꽁 얼어붙은 산꼭대기가 있어야 그곳에서 두꺼운 얼음 덩어리가 생겨서 골짜기로 흘러내리며 이것이 거대한 빙하화 과정을 개시하는 것처럼 보인다(사진 5-2). 우리는 또한 지구의 기온의 주기적 요동이 지표에 도달하는 태양 복사선의 양의 요동과 연관되어 있는 것을 알고 있다. 그러나 태양 복사선의 양의 요동을 일으키는 것이 무엇인지는 태양이 방출하는 복사열의 양, 태양 복사선이 투과해야 하는 지구의 대기, 그리고 지구의 공전에 있어서 가능한 주기적 변화를 견주어 보면서 추측해 볼 도리밖에 없다.

리틀턴(R. A. Lyttleton)과 호일이 고안한 한 매우 교묘한 이론이 앞에서 인용한 호일의 『우주의 본질(The Nature of the Universe)』에 나와 있다. 이들은 태양 복사선의 변화를 태양이 별들 간의 수소 기체를 통과할 때 생기는 '터널'의 폭과 연관시켰다. 우리의 은하에는 이러한 기체의 구름이 굉장히 많다. 이들은 천문관측자의 망원경 시야를 대부분 가리고 우주의 조그만 부분만 열어 놓는다. 별들은 이 기체 구름을 지나가는데 그 속도는 기체의 소용돌이와 잔물결에 따라 달라진다. 그리고 별

〈사진 5-2〉 빙하 형성에 알맞은 환경이 이 알래스카의 전경(남서쪽으로부터 헤이스(Hayes)산을 바라본 것) 중에 보인다. 중앙에 보이는 작은 시내가 수시트나(Susitna)강의 원천이다

들은 수소를 그들의 속도에 반비례하는 양만큼 끌어들인다. 상대속도가 작을수록 빨아들이는 기체의 양이 많고 따라서 터널의 폭이 커진다. 속도가 (상대적으로) 매우 느려서, 예컨대 시속 8,000㎞ 이하이면 터널의 폭이 매우 커져서 별로 빨려드는 물질의 양이 많아지고 몇백만 년이 지나면 그 크기가 상당히 커진다. 현재 태양이 지나가는 기체에 대한 태양의 상대속도는 시속 5만 ㎞ 정도인데, 이것은 큰 터널을 뚫기에는 너무 빠른 속도이다. 이러한 방식으로 태양이 얻는 수소의 양이 너무 적어서 현재의 속도로서는 100억 년이 지나도 태양의 크기를 별로 증가시키지 못할 것이다. 그러나 태양이 기체에 대해 언제나 지금과 같은 상대속도를 가졌으며 앞으로도 그러할 것이라고 가정할 이유는 없다. 반대로 과거의 어떤 때에는 상대속도가 현재의 속도보다 훨씬 느려서 터널의 폭이 훨씬 컸을 가능

150

성이 있다. 이 기간 동안에는 빨려든 수소가 분명히 태양의 복
사량을 상당히 증가시켰을 것이다. 왜냐하면 이 수소는 시속
100만 킬로미터가 넘는 속도로 태양 표면에 떨어져 충돌 시에
많은 양의 열이 생성되기 때문이다. 태양의 열이 증가하면, 물
론 지구의 표면 온도가 상승할 것이다. 이것으로 북극으로부터
12° 이내에 있는 스피츠베르겐(Spitzbergen)에 한때는 아열대
성 숲이 자란 것(그곳에서 발견되는 석탄이 이것의 증거이다)을
설명할 수 있다.

  이것은 또한 빙하 시대가 생기는 것도 설명할 수 있다고 호
일은 말한다. 그는 빙하 시대가 생기기 위해서는 태양열의 감
소가 아니라 증가가 필요하다는 어떤 기상학자들의 이상한 의
견을 지적하고 있다. 이 기상학자들의 주장은 지표의 온도가
약간 올라가면 극지방에 구름을 증가시킬 것이고, 이렇게 되면
(대기 중 물의 높은 잠열 때문에) 겨울은 보다 따뜻해질 것이며
구름의 윗면이 태양 복사선의 큰 부분을 반사하기 때문에 여름
은 보다 시원해질 것이다. 시원한 여름은 얼음을 녹지 않게 하
므로 이것이 눈과 얼음의 축적에 결정적인 역할을 하는 것으로
생각된다. 그리하여 거대한 빙하가 점점 커져서 흐르게 되는
것이다.

  이 이론이 더욱 그럴듯하게 보이는 것은 눈과 얼음이 많아지
면 그 자체만으로도 지구의 온도를 낮추는 경향이 있다는 사실
때문이다. 우선 빛나는 흰 표면은 태양의 빛과 열 중 상당한
부분을 반사한다. 눈벌판은 큰 입사각으로 쪼이는 햇빛을 거의
흡수하지 않는다. 또 한 가지는 거대한 양의 물을 만년빙과 만
년설로 묶어 놓으면 바다의 물이 줄어서 기후를 완화하는 열

저장소로서의 효과가 감소하는 것이다.

그럼에도 불구하고 장기적 기후 변화의 문제에 종사하고 있는 대부분의 과학자들은 이 이론을 전체적으로 받아들이지 않는다. 이들에게는 빙하 시대가 온도의 상승에 의해 시작된다는 이 이론의 중심되는 전제부터 틀린 것이다. 북아일랜드에 있는 아마(Armagh) 천문대의 외픽(E. J. Opik)은 이와는 정반대로 광범위한 빙하화가 기온이 내려가서 생긴 결과라는 상식적인 생각을 지지하는 그의 동료들을 대변하여 다음과 같이 기술했다.

눈은 기온이 어는점에 가까울 때만 땅 위에 축적될 수 있다. 지구의 온도가 상승하면 설선(Snow Line)은 극지방 쪽으로 이동하고 눈이 쌓인 곳은 좁아진다. 이 지역에서는 설선의 일정한 온도에 대응하여 습도가 실질적으로 일정하게 남아 있다. 지역이 줄어들면 축적되는 눈의 양도 감소하고 만년빙(萬年氷)이 형성될 조건도 나빠진다.

외픽은 장기적 기온 변화가 태양과 같은 별의 정상적 진화 과정에서 일어나는 사건들과 연관되어 있다는 것을 제안하였다. 태양의 생애 중 여러 기간에 그 깊은 내부에서 수소가 헬륨으로 변환하는 과정과 기체 확산이 결부되어 '혼합이 일어나는 구역이 생겼음'이 분명하다. 이러한 불균형 상태에 있는 동안, 태양은 열을 적게 방출할 것이고 지구 상에는 빙하기가 시작될 것이다. 이 빙하기는 태양의 평형이 회복될 때에야 끝날 것이다. 이 과정은 수억 년의 간격을 두고 되풀이되며, 이것으로 빙하기가 반복되는 것을 설명할 수 있다.

그러면 긴 빙하기 중에서 계속적으로 얼음이 밀려왔다가 후퇴하는 과정을 유발하는 원인은 무엇인가? 아마 태양의 흑점과 흑점의 주기에 대한 이해가 이 문제에 대한 단서를 줄 것이다.

에너지 관리자로서의 물

이제는 지구 상에서 물이 담당하고 있는 태양에너지의 관리자 및 운반자로서의 역할을 고찰해 보자. 지구 전체에 걸쳐 물은 고체, 액체 및 기체의 세 상태들로 이 역할을 담당하고 있지만 중요한 것은 액체와 기체이다. 대기 중의 수증기로서, 물방울로 응결했다가 다시 증발하는 과정을 되풀이하면서 물은 기후와 매일의 날씨를 결정하는 가장 중요한 인자가 되고 있다. 바닷물은 지구 전체에 걸친 항온기(Thermostat)로 작용한다.

우선 바다로부터 대기로, 토양으로, 강으로, 다시 바다로, 이와 같이 끊임없이 일어나는 물의 순환 과정을 생각해 보자(그림 5-4). 매년 세계의 해양들로부터 330,000㎢의 물이 증발한다. 동시에 대륙의 호수, 강 및 지표로부터 600,000㎢의 물이 증발한다. 그리하여 총 390,000㎢의 물이 대기 중으로 올라가서 매년 390,000㎢의 강수량이 생기게 한다. 이는 1년 중 물의 증발량과 비나 눈으로서의 강수량이 거의 같기 때문이다. 이 강수량 중 대부분은 직접 다시 바다로 들어가나 약 10만㎢는 육지 위에 떨어진다. 이것 중 일부는 단단한 지표 위를 흘러서 시내나 강으로 들어가고 수일 혹은 수 주 내에 다시 바다로 흘러 가게 되며 또 다른 일부는 즉시 증발하여 대기로 돌아가지만, 많은 부분이 흙 속으로 스며 들어가 식물의 성장에 쓰이고, 혹은 더 깊이 들어가서 지하수원(地下水原)과 지하강(地下江)을 형성했다가 샘, 강 및 호수들로 흘러 들어간다.

그런데 1g의 물이 증발할 때 이것은 거의 600cal의 에너지를 흡수하며, 이들을 대기 중으로 들어올리는 것으로 생각할 수 있다. 이곳에서 분산된 물 분자들은 흔히 태양의 복사에너

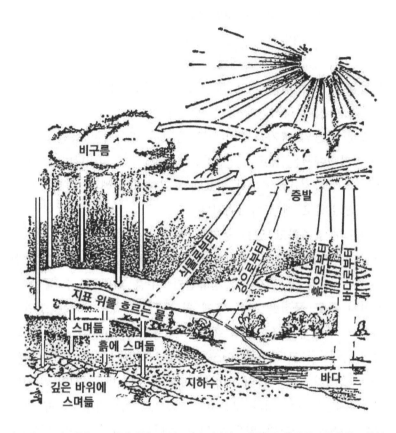

비구름

증발

지표 위를 흐르는 물

스며듦

흙에 스며듦

깊은 바위에
스며듦

지하수

바다

〈그림 5-4〉 물은 그림에서와 같이 바다로부터, 대기로, 흙으로, 강으로, 다시
　　　　　 바다로 끊임없이 순환하며, 연간 39만 ㎦의 물이 증발되었다가 비
　　　　　 나 눈이 되어 내려온다

지가 지구에 불균일하게 분포되어 일어나는 세계적인 순환계로
들어가게 된다. 적도 지방에서는 다른 어느 곳에서보다 더 많
은 에너지가 흡수되며 이 중앙선으로부터 북쪽 혹은 남쪽으로
갈수록 흡수되는 에너지의 양이 감소한다. 그러므로 열대 지방
에서는 증발 속도가 빠르고 공기가 다른 곳보다 따뜻하며 습기

가 대기 중으로 들어갈 뿐만 아니라, 이 습기는 열대 지방의 육지와 바다 위에서 더 높이 상승한다. 높은 곳에서는 따뜻하고 습기가 있는 공기가 대체로 북쪽이나 남쪽으로 흘러가 열을 상실함에 따라 점차 지표 쪽으로 가라앉고 점점 더 밀도가 커지다가 마침내 극지방에서 온 공기를 만난다.

열대 지방의 공기가 가열되고 습기가 많아지는 동안 위도가 높은 지역에서는 매우 다른 일련의 사건들이 일어난다. 그곳에서는 겨울에 석양(夕陽)이 지표에 도달하지 못해서 지표는 에너지를 방출하고 매우 차가워진다.

지표와 접촉하고 있는 공기도 역시 매우 차가워지고 밀도가 커진다. 온도가 낮으므로 이 공기는 열대 지방의 공기보다 훨씬 적은 수의 물 분자들을 함유한다. 수일 혹은 수 주 동안 움직이지 않고 물질을 모은 후에 차고 압력이 큰 공기는 불안정해져서 무겁게 낮은 위도 쪽으로 이동한다. 곧 두 다른 공기 덩어리, 즉 차고 밀도가 크고 건조한 극지방의 덩어리와 따뜻하고 습기가 많은 열대 지방의 덩어리 사이에 전쟁이 일어난다. 극지방의 덩어리가 낮은 위도 쪽으로 미끄러져 갈 때 다가오는 따뜻한 공기의 밑으로 밀고 들어가 지표를 감싸 안는다. 그리하여 따뜻한 공기는 다시금 열대 지방보다 기온이 훨씬 낮은 지역에서 강제로 상승당한다. 그러다가 마침내 열대 바다에서 증발한 수많은 물 분자들이 더 이상 기체 상태로 분산되어 있을 수 없게 된다. 이들은 물방울로 응결하며, 이렇게 응결하는 물은 1g당 약 600cal의 에너지를 대기로 방출한다. 물이 높은 곳으로 운반한 이 열에너지가 가해짐으로써 찬 공기와 따뜻한 공기 사이의 경계, 즉 한랭전선(寒冷前線, Cold Fronts)을

따라 저기압 회오리바람이 일게 된다. 이 회오리바람의 발달이
불균일하게 흡수된 태양에너지를 지표에 재분배하는 복잡한 체
계의 중심 부분을 이룬다. 이러한 에너지의 이동이 없다면 세
계의 육지에서 사람이 안락하게 살 수 있는 곳은 매우 작은 비
율을 차지할 것이며 대부분 지역의 기후는 혹심한 더위나 추위
때문에 견딜 수 없을 것이다.

그러나 대기의 순환계에 잡힌 수증기가 저장된 열의 유일한
운반자는 아니다. 바다에 남아 있는 물도 태양에너지를 효과적
으로 수천 킬로미터씩 이동시킨다. 직접적인 증거는 얻기 힘드
나 바다에서는 대류가 어느 정도 작용함에 틀림없다. 가열된
적도 지방의 물은 천천히 극지방 쪽으로 이동하고 그 아래에서
는 밀도가 크고 차가운 극지방의 물이 해저를 따라 열대 지방
으로 흘러간다. 보다 따뜻한 지역에 도달하면 이 찬물은 점점
위로 올라와 다른 곳으로 흘러가 버린 표면의 물을 대치해야
한다. 일반적으로 물은 매우 투명하다(가시광선은 1km의 깊이까
지 투과할 수 있다). 그러나 스펙트럼 전체가 똑같이 투명하지
는 않다. 물이 청록색으로 보이는 것은 스펙트럼의 적외선 끝
으로 가면 상대적으로 불투명함을 나타낸다. 물론 이것은 열의
흡수제와 관리자로서의 능력과 본질에 영향을 준다.

그러나 열 수송에 있어서 바다 대류는 소위 '바다 강들'에 비
해 그 중요성을 무시할 수 있다. 이들은 강력한 대기의 순환계
에 의해 일어나는 온수와 냉수의 구별된 흐름들이다. 여기에서
는 어떻게 지구의 어떤 부분들에 영구적인 고기압 및 저기압
지대가 형성되며, 어떻게 대류와 지구의 자전에 의해 방향이
일정한 바람이 생기며, 어떻게 이 모든 것들이 어떤 지역에서

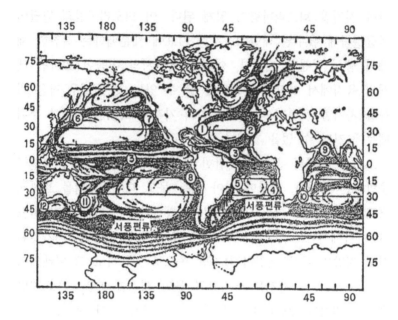

〈그림 5-5〉 해류는 수천 년 동안 그 경로가 변하지 않은 강력한 강들이다.
주요한 해류는 다음과 같다. ① 걸프 해류, ② 카나리 해류, ③ 적
도 해류(Equatorial Current), ④ 벵겔라 해류, ⑤ 브라질 해류,
⑥ 일본 해류, ⑦ 캘리포니아 해류, ⑧ 페루 해류, ⑨ 몬순 해류
(Monsoon Current), ⑩ 모잠비크 해류(Mozambique Current),
⑪ 동오스트레일리아 해류, ⑫ 서오스트레일리아 해류

는 바닷물을 끌어올리고 또 어떤 지역에서는 아래로 눌러서 거
대한 해면의 흐름이 생기게 하는지를 자세히 기술할 필요는 없
다. 이 흐름들은 대륙 위의 바위와 흙으로 된 둑 사이를 흐르
는 강들보다 훨씬 더 장소가 고정되어 있고, 부피도 일정하다.
대륙의 강들은 모두가 기록이 남아 있는 역사 중에 경로의 변
화가 있었고 그것의 특징도 크게 변하였다. 그러나 바다의 강
들은 수만 년 동안을 변하지 않고 남아 있다. 〈그림 5-5〉에는

주요한 해류(海流)들이 나와 있는데 이 중 열대 지방의 물을 추운 지방으로 운반하는 난류(暖流)는 걸프 해류(Gulf Stream), 일본 해류(Japan Current), 브라질 해류(Brazilian Current) 및 오스트레일리아 해류(Australian Current)이다.

반대로 극지방의 물을 따뜻한 지역으로 가지고 가는 한류(寒流)는 카나리 해류(Canary Current), 캘리포니아 해류(California Current), 페루 해류((Peruvian Current) 또는 훔볼트 해류(Humboldt Current) 및 벵겔라 해류(Benguela Current)이다.

유럽의 북서부와 미국의 남동부에 매우 중요한 영향을 미치는 걸프 해류를 예로 들어 보자. 이것은 플로리다 근해에서 일어난다고 말하는데 실제로 그곳 바다에 생기는 압력 변화 때문에 더운 물이 깊은 곳으로부터 올라온다. 플로리다 근해에서 수심 270m 되는 곳의 걸프 해류의 흐름은 시속 약 4km이다. 해면에서는 속도가 때로 시속 10km가 되기도 한다. 이 속도들은 일반적인 해류의 속도에 비해 빠르다. 걸프 해류는 이 측정을 한 지역에서 그 너비가 80km이므로 이곳에서의 총유량(流量)은 시간당 270km²의 물이 되는데 이것은 모든 대륙의 주요한 강들의 전 수량(水量)의 25배에 해당하는 엄청난 양이다. 이 해류가 일어나는 지역에서의 수온은 30° 정도이며 북쪽으로 올라갈수록 온도가 떨어지기는 하나 노르웨이의 기온을 그 위도에서 예상되는 온도보다 10° 이상 상승시킬 정도로 따뜻하게 남아 있다. 래브라도(Labrador)의 기후는 추운 데 비해 같은 위도에 있는 영국의 기후가 온화한 것은 이 걸프 해류 때문이다. 래브라도는 래브라도 해류의 영향을 받는데, 이것 때문에 겨울은 춥고 더러는 북극으로부터 빙산이 흘러오기도 한다.

6장
생명의 물

창조의 날들

많은 과학자들이 지구의 창조에 대한 진스의 이론을 받아들이는 편이던 몇 년 전만 해도 우리의 생명과 같은 것이 우주의 다른 부분에 존재할 가능성은 작은 것으로 생각되었다. 평균 5000억 년에 한 번씩 한 별이 다른 별에 가까이 접근하여 진스가 생각했던 방식으로 물질이 떨어져 나올 것으로 계산되었다. 설령 별들의 평균 나이가 100억 년보다 상당히 긴 것으로 가정하더라도(현재 우리의 은하에 있는 별들은 이것보다 젊은 것으로 가정하고 있다) 5000만 개 중 한 개 이하가 그들의 전 생애 중 다른 별과 충돌하거나 혹은 거의 충돌했을 것이다. 이 지극히 드문 접근 중 또 극히 적은 수(수천 분의 1)가 행성계를 만들었을 것이고 이것들 중에 지구와 같이 생명이 서식하기에 적당한 조건을 가진 행성이 들어 있었을 확률은 수백 분의 1 이상이 되지 못했을 것이다.

그러므로 우리의 태양계는 우리의 우주에서 거의 유일무이(唯一無二)한 것에 가까운 것으로 보인다.

존스(H. Spencer Jones)는 1930년대 말에 이렇게 기술했다.*
그러나 창조에 대한 진스의 가설이 부정되고 앞 장에서 기술한 네 이론들 중의 어느 것을 받아들이게 되자 사정은 변하였다. 우리가 태양이 약 1광년 떨어진 짝별의 폭발 중에 행성들을

---

*『다른 세상의 생명(Life on Other Worlds)』(Macmillan, 1940)

160

얻었다는 호일의 이론을 받아들이면 호일의 말처럼 다음과 같다.

은하수 안의 별들 중 100만 개 이상이 우리가 큰 불편 없이 살아갈 수 있는 행성들을 가졌을 가능성이 있다.

만약 우리가 별들이 별들 간의 차가운 기체 구름들(원시성들)로부터 만들어졌다는 이론을 받아들이면 별들 100개 중 몇 개는 태양과 비슷한 이력(履歷)을 가진 것으로 결론지어야 할 것이다. 우리의 은하에는 약 1000억 개의 별들이 있으므로 이 이론을 따르면 수십억 개의 행성계들이 있어야 할 것이고 지구와 같은 세계가 수백만이나 될 것이다. 또한 우리가 가모프처럼 행성의 형성에 대한 바이츠제커의 개념을 받아들이면 거의 모든 별이 행성계를 가지며 은하수 중에는 물리적 조건이 지구의 조건과 동일한 행성들이 적어도 수천만 개가 있는 것으로 결론지어야 한다. 행성의 형성을 자기장 내 이온화된 기체들의 행동으로 설명하는 알벤의 이론을 받아들여도 마찬가지이다. 이 이론에 의하면 모든 별들은 그것을 수행하는 행성들을 가지며 태양과 같은 질량을 가지는 모든 별은 모든 점에서 지구와 흡사한 행성을 세 번째 행성으로 가진다. 가모프의 말을 빌리면 다음과 같다.

생명이 서식할 수 있는 이런 세계들에 생명이 나타나지 않았다면 그것이 도리어 이상할 것이다.*

현재 과학자들은 일반적으로 그러한 생명이 발달하였으며 우리가 밤하늘을 쳐다볼 때 우리의 육안으로도 태양처럼 자신의

---

*『하나 둘 셋… 무한(One Two Three… Infinity)』(Mentor Books, New American Library, 1953), p. 294

행성들에 빛을 보내는 몇 개의 별들을 보고 있을지도 모른다고 생각하고 있다. 행성들 자체는 볼 수가 없다. 이들은 우리로부터 매우 멀리 떨어진 곳에서 반사광만 내보내고 있으므로 가장 강력한 망원경으로도 볼 수 없다. 그러나 많은 과학자들은 장차 지성과 기술이 우리의 수준이거나 그 이상인 외계의 생물과 교신할 수 있으리라고 보고 있다. 최근 미국의 국립 전파천문대(National Radio Astronomy Observatory)에서는 외계의 지성이 방송했을지도 모를 '펄스 암호(Pulse Code)'로 된 전파 신호를 찾기 위해 오즈마 계획(Project Ozma)에 착수하였다.

우리가 거의 확신할 수 있는 한 가지 사실은 우주의 다른 곳에서 지구를 닮은 행성에 존재하는 생명은 지구의 생명과 근본적으로 비슷하리라는 것이다. 그것은 우리가 알고 있는 어느 생명체와도 다른 모습을 갖고 있을 수는 있지만 근본적으로는 지구의 생명처럼 두 개의 중요한 화합물, 즉 물과 이산화탄소의 작용으로부터 나왔으며 동일한 물리학과 화학의 법칙을 따라 이루어졌을 것이다. 물론 어떤 과학자들은 다른 세계에서는 규소가 지구의 탄소와 같은 역할을 담당하여 그 결과가 우리에게는 완전히 낯설게 보일 것으로 추측하기도 한다. 규소도 탄소처럼 미묘하게 균형을 이룬 크고 복잡한 분자들을 형성할 수 있는데 이것은 생명의 발달에 필요한 능력이다. 그러나 규소는 이러한 능력에 있어서 탄소보다 훨씬 제한되어 있으므로 지구와 같은 행성에서 규소가 탄소 대신에 생명체의 기본 물질이 되었을 가능성은 매우 희박한 것으로 보인다.

만약 다른 세계에 생명이 존재한다면 그 모습도 지구의 생명과 비슷할 가능성이 크다. 가능한 형태가 무한정하게 많은 것

은 아니므로 이들 중 상당한 부분은 지구 상에 존재하는 극히
다양한 형태들 중의 어떤 것과 일치할 것이다. 더구나 지구 생
물의 진화에서 작용한 자연도태와 같은 과정이 비슷한 환경에
서 같은 기간 중에 같지는 않더라도 비슷한 형태를 만들어 놓
을 것이다. 생물학자 달링턴(C. D. Darlington)은 다음과 같이
기술했다.

> 두뇌를 머릿속에 갖고 다니고 두 눈을 1.5~1.8m의 높이에 가지려
> 면 두 발로 걷는 것이 훨씬 유리하므로 우리와 신체 모양이 비슷한
> 유사인간(類似人間)이 존재할 가능성이 있는 것으로 보아야 한다.

따라서 생명이 어떻게 시작되었는가에 대한 우리의 일반적
기술이 우리의 세계뿐만 아니라 다른 세계들에도 잘 적용될 것
이다. 지구에서와 마찬가지로 그곳에서도 대기가 한때는 주로
수증기와 이산화탄소로 구성되어 있었음에 틀림없다. 그곳에서
도 수 세기 동안 거대한 폭풍우가 계속되어 그 행성의 지각이
냉각함에 따라 점차로 해분(海盆)을 채웠을 것이다. 또한 그곳
에서도 구름 덮개가 찢어져 햇빛이 내리쬐자 따뜻하고 얕은 바
다에서 생명이 출현했을지 모른다. 지구의 바다에는 생명의 출
현에 필요한 조건들이 존재하였으며 그때의 빛, 온도, 염의 농
도, 대기압 및 기체혼합물의 균형은 그 이후 지구 상에서 재현
된 적이 없다. 육지로부터 씻겨 내려온 무기염이 있었으며 이
산화탄소는 물에 녹아 탄산(H_2CO_3)의 형태로 존재하였다. 자외
선이 지금보다 훨씬 풍부하였다. 당시의 대기 중에는 유리산소가
없어서 오늘날의 대기보다 자외선이 훨씬 잘 투과하였던 것이다.
이산화탄소와 암모니아의 혼합 용액에 자외선을 충분히 쪼이
면 엽록소가 없이도 원시적 광합성(즉 빛이 존재할 때 물과 이

산화탄소로부터 탄수화물이 생성되는 것)이 일어나며 다른 유
기화합물도 합성될 수 있음이 실험실에서 입증되었다. 이것이
암시하는 것은 태고의 바다에서는 이 실험실에서와 마찬가지
로, 그러나 대규모로 유기물이 만들어졌으며 이것을 소모할 박
테리아나 다른 생물이 없었으므로 마침내 바닷물이 이 유기물
때문에 홀데인(John Burdon Sanderson Haldane, 1892~
1964)의 표현처럼 '따뜻한 죽의 농도'를 갖게 되었다. 태양으로
부터 온 에너지를 풍부하게 갖고 있고 생물의 먹이가 되기에
알맞은 이 죽은 오랫동안 그대로 남아 있었다. 그러나 이 기간
동안 물의 특이성과 탄소의 독특한 화학적 성질이 함께 작용하
여 보다 크고 복잡한 분자들이 형성되었다.

생명의 묘판

우리는 지금까지 물이 어떻게 복잡한 분자 구조의 형성을 용
이하게 하는지를 밝히기 위해 물의 성질들을 충분히 설명하였
다. 여기에서는 물이 실제로 화합물의 형성에 참가할 때는 물
분자들을 한데 묶어 놓는 수소결합이 아니라 성분이온인 H^+와
OH^-를 묶는 화합결합이 끊어진다는 것을 첨가하는 것으로 충
분하다. 이 과정 중에 이 이온들은 새로 형성된 물질의 성분이
된다. 탄소의 경우 이것이 생명의 구성 물질로서 특유한 가치를
가지게 되는 것은 거대한 원자 집단을 한 분자 안에 묶어 놓는
사슬 역할을 하기 때문이다. 유기화학자는 무기화학자가 취급하
는 분자들(규소화합물 제외) 중에 들어 있는 원자 수보다 몇 배
나 많은 원자들로 구성된 분자들을 많이 다룬다. 전형적인 무기
화합물들은 원자가 2~10개인 분자들이다. NaCl(2개), K_2SO_4(7

164

개), Pb(NO$_3$)$_2$(9개). 전형적인 유기화합물들은 C$_3$H$_5$(NO$_3$)$_3$(20개), C$_{12}$H$_{22}$O$_{11}$(45개), C$_{40}$H$_{56}$(96개) 등이다.

탄소의 특유한 결합 능력을 과학 용어로는 탄소의 원자가가 4가라는 말로 표현한다. 독자는 3장에서 우리가 어떻게 원자들이 그들의 바깥 껍질에 있는 전자들을 공유하여 안정한 비활성 기체의 전자 구조를 가지려고 하면서 분자를 형성하는지에 관해 기술할 때 원자가에 대해 언급한 것을 기억할 것이다. 원자가는 수소를 기준으로 한 수치를 갖고 있다. 염소는 한 원자가 수소 한 원자와 결합하여 염화수소(HCl) 한 분자를 형성하므로 1가라고 한다. 산소는 원자 하나가 두 개의 수소 원자들과 결합하여 물(H$_2$O)을 형성하므로 2가라고 한다. 질소는 3가인데 이것은 세 개의 수소 원자들이 질소 원자 하나와 결합하여 암모니아(NH$_3$)를 형성함을 뜻한다. 그리고 탄소는 앞에서 말한 바와 같이 4가이다. 이것은 네 개의 수소 원자들과 결합하여 유독한 기체인 메탄(CH$_4$)이 된다.

어떤 원소에 원자가를 배당하면 이 원소와 1:1로 결합하는 다른 원소에 대해서 간접적으로 원자가를 배당할 수 있음을 쉽게 알 수 있다. 예컨대 염소가 1가이면 소듐도 1가가 되는데 그것은 한 개의 소듐 원자와 한 개의 염소 원자가 결합하여 염화소듐(NaCl)이 되기 때문이다. 마찬가지로 산소는 2가인데 칼슘 한 원자와 산소 한 원자가 결합하여 산화칼슘(CaO)이 되므로 칼슘도 2가가 된다. 한 원소의 원자가가 클수록 이것이 만들 수 있는 분자들도 더 복잡해질 수 있음을 쉽게 알 수 있다. 각 원자가는 한 원자가 다른 원자와 결합할 수 있는 손이고, 손이 많을수록 결합을 많이 할 수 있다. 1가 원자들은 결합력이 극히 제한되어 있어서 한 큰 원자 집단의 중심 원자가 될 수 없다. 1가인 염소는 1가인 수소와 한 가지 화합물밖에 만들 수 없는데 그것은 이들이 서로 손을 잡고 염화수소(HCl)를 형성하면 다른 원자와 결합할 손이 남지 않기 때문이다. 2가인 산소는 결합 시에 좀 더 자유를 누린다. 산소 원자는 산화칼슘(CaO)에서처럼 다른 2가 원소의 원자 하나와 결합할 수도 있고 물(H_2O)에서처럼 1가 원소의 원자 두 개와 결합할 수도 있으며, 혹은 수산화포타슘(KOH)에서와 같이 두 다른 1가 원소들의 원자 하나씩과 결합할 수도 있다. 3가 원소들은 산소보다 더욱 복잡한 분자들을 만들 수 있으며 4가 원소들은 더욱더 복잡한 원자들을 만들 수 있는데 특히 탄소가 그러한 성질을 나타낸다.

5가인 원소들도 없지 않으나 소수의 화합물에서만 그런 원자가를 나타낸다. 비유를 좀 더 확대해도 좋다면 이들의 원자가들 중 둘은 대부분의 경우 서로 간에 악수를 하고 있어서 다른 원자들의 손을 잡을 수 없다. 다시 말하면 이들은 일반적으로 3가 원소들로서 행동한다. 예컨대 질소는 가끔 5가로 결합하지만 암모니아에서처럼 대체로 3가로 결합한다.

탄소 원자는 네 결합수들을 두 가지 방법으로 사용할 수 있다. 네 손 모두를 다른 원자들과 결합하는 데 사용할 수 있는데 이 경우는 포화되었다고 한다. 반면에 네 손들 중 둘은 서로 묶어 놓고 나머지 둘만 다른 원자들과의 결합에 쓸 수 있는데, 이 경우는 불포화되었다고 한다(탄소와 탄소 사이의 결합이 이중 혹은 삼중결합일 때도 불포화되었다고 한다). 일산화탄소(CO)에서는 결합에 사용되지 않는 두 손들이 자기들끼리 묶여

166

있으므로 탄소는 불포화되어 있다. 외계로 잃어버린 최초의 대기 중에 들어 있던 중요한 성분으로 생각되는 메탄(CH_4)에서는 탄소 원자가 포화되어 있다. 이 분자의 구조는 다음과 같다.

$$H-\overset{\displaystyle H}{\underset{\displaystyle H}{C}}-H$$

메탄은 가장 간단한 탄화수소(탄소와 수소 원자만으로 되어 있는 화합물)이며, 또한 탄화수소는 가장 간단한 유기화합물이다. 그럼에도 불구하고 이들 중 어떤 것은 그 크기가 거대하고 구조가 상당히 복잡하다. 탄화수소($C_{40}H_{56}$)를 예로 들어 보자. 이것은 리코펜(Lycopene)이라는 토마토의 붉은 색소인데 이 불포화분자의 중심이 되는 부분은 단일결합과 이중결합이 번갈아 나타나는 탄소 사슬이다. 태고의 바다에서 이산화탄소, 물 및 햇빛으로부터 만들어진 최초의 유기화합물들 중에는 가장 간단한 당(糖)이 들어 있었을 것인데 그 구조의 밑바탕은 수소 원자(H), 수산화기(OH) 및 산소 원자(O)가 다음 그림처럼 붙어 있는 여섯 개의 탄소 원자들의 사슬이었다.

$$H-\overset{\displaystyle H}{\underset{\displaystyle OH}{C}}-\overset{\displaystyle H}{\underset{\displaystyle OH}{C}}-\overset{\displaystyle H}{\underset{\displaystyle OH}{C}}-\overset{\displaystyle H}{\underset{\displaystyle OH}{C}}-\overset{\displaystyle H}{\underset{\displaystyle OH}{C}}-\overset{\displaystyle H}{\underset{\displaystyle OH}{C}}=O$$

　간단한 지방 및 단백질 분자들은 이보다 훨씬 더 복잡하며 아마 너무 복잡해서 식물과 동물이 아직 출현하지 않은 바다에서는 생길 수 없었던 것으로 보인다. 이들은 탄수화물과 함께 동식물이 만드는 가장 중요한 세 부류의 물질들이다.

　탄산은 비가 쏟아질 때 원시 대기로부터 녹아 나오고 물이 공기 중의 이산화탄소를 잘 흡수하기 때문에 계속 보충되었는데, 이것은 초기의 해양을 생명의 묘판으로 변모시키는 데 있어 세 가지 방식으로 작용하였다.

　첫째로 탄산은 빗물과 흐르는 물이 지표로부터 광물질들을 녹여내어 바다로 운반하는 능력을 증가시켰다. 대부분의 광물은 순수한 물에는 조금밖에 녹지 않으나 탄산으로 포화되어 있는 물에는 훨씬 많은 양이 녹는다. 그러므로 이 어디에나 스며드는 탄산은 지질학적으로 매우 중요하며, 암석이 풍화하고 광물질이 흙으로부터 침출(浸出)되는 것은 대부분 이것 때문이다. 헨더슨(Lawrence J. Henderson)은 저서 『적합한 환경(The Fitness of the Environment)』에서 다음과 같이 기술했다.

　　실제로 지각의 무기 성분들을 우려내어 대사(代謝)의 흐름 속으로 보내는 것은 물과 탄산의 합동작전이다.

　'대사'란 생조직을 만들고 분해하는 생명의 물리적 과정을 지칭하는 과학 용어이다.

　두 번째로 탄산은 최초의 바다가 중성 혹은 매우 약한 염기성이었음을 설명하는 특유한 성질을 갖고 있다. 이것은 원형질이라는 생명의 기본 물질이 발달하기에 필요한 조건이었으며 원형질 내에서 중복될(여기에서도 주로 탄산 때문에) 조건이었다. 그럼 '산'이란 무엇이며, '염기'란 무엇인가? 또한 용액이

168

'중성'이라는 것은 무슨 뜻인가? 화학적 용어로는 **산**이란 물에 녹아 수소이온(H^+)을 낼 수 있는 물질이고, **염기**란 물에 녹아 수산화이온(OH^-)을 낼 수 있는 물질이다. 용액 중의 수소이온과 수산화이온의 수가 같거나 비슷하면 그 용액은 **중성**이라고 부른다. 강산 혹은 강염기란 물에서 쉽게 해리하여 높은 수소이온 또는 수산화이온 농도를 내는 물질이다. 묽은 용액에서 강산과 강염기는 완전히 해리한다. 그러므로 강산과 강염기를 같은 묽은 용액에 넣으면 서로 중화하는데 이 중화반응은 수소이온과 수산화이온이 결합하여 물이 형성되는 반응과 같다.*

$$H^+ + OH^- \rightleftharpoons H_2O$$

또한 중성인 용액, 즉 용매가 화학적으로 비활성인 용액 내에서는 복잡한 유기반응이 일어날 수 있다. 강산성 용액이나 혹은 강염기성 용액에서는 미묘하게 균형을 이루고 있는 결합들이 배치할 수 있는 범위가 좁아진다.

생명에 중요한 것은 탄산(H_2CO_3)이 약산이며 그 특유한 성질은 용액 중에 이것의 염[조개나 뼈의 주요 성분인 탄산칼슘($CaCO_3$) 같은 것]과 함께 들어 있으면 용액을 언제나 중성으로 유지한다는 것이다. 탄산보다 약간 세거나 혹은 약간 약한 산으로서 이러한 성질을 가진 것은 없으므로, 생명이 만들어진

---

*3장에서 언급했지만 물 자체는 아주 조금밖에 해리하지 않는다. 순수한 물 중의 수소이온의 농도는 약 1×10^{-7}이다. 수소이온 농도의 역수의 상용로그를 pH라고 하는데 물의 pH는 7이다. 순수한 물 중의 수산화이온 농도도 1×10^{-7}이다. 따라서 물은 산성도 염기성도 아니며 중성이다. pH가 7인 용액은 어느 것이나 중성이다. pH가 7보다 크면 염기성이고 7보다 작으면 산성이다.

바다를 거의 완전히 중성으로 유지하고 생겨난 생물의 원형질과 혈액을 중성으로 유지하는 데 있어서 탄산은 매우 중요한 것이다.

세 번째로 탄산은 그것으로부터 대부분의 탄소들이 나왔으므로, 바다의 묘판을 만드는 데 크게 기여하였을 뿐만 아니라 그곳에서 자라날 생명의 씨를 대부분 제공한 셈이다.

탄소 원자들이 연결되어 가지가 달린 긴 줄기가 되고 여기에 수소와 질소가 붙어 크고 복잡한 분자가 형성됨에 따라 이들의 안정도가 매우 작아져서 언제나 분해할 수 있는 상태에 놓이게 되었다. 이러한 것들을 유지하려면 노력이 필요하였으며, 그리하여 과거에는 없던 새로운 에너지를 사용하게 되었는데 이 노력, 이 에너지가 곧 생명이었다. 이것이 갖는 철학적 의미는, 완전히 질서가 잡힌 사회가 최상의 사회이며 교육의 올바른 목표가 매우 잘 적응되거나 완전히 균형이 잡힌 인격을 함양하는 것이라는 견해가 반드시 옳지는 않다는 것이다. 이러한 견해를 철저하게 시행한다면 그것은 과학적인 토대 위에서 반생명적(反生命的)인 것으로 보일 것이다. 생명은 불안정과 불균형의 상태에서 탄생하며 처음부터 자극에 민감한 반응을 나타낸다. 생명은 근원적으로 자신을 유지하기 위해 부단히 노력하며 외부와 내부에 도사리고 있는 죽음에 항거하여 불안한 전진을 계속하면서 계속 뻗어 나가고 앞으로 쓰러지기도 한다. 어떤 의미에서 삶은 죽음을 내포한다고 말할 수 있다. 우리가 대사라고 부르는 경주에서 유기물을 형성하는 과정(동화작용)은 유기물이 분해되는 과정(분해작용)보다 짧은 기간 동안 약간 앞서 있을 뿐이다. 마침내는 분해작용이 이 경주에서 승리하는 것으로 보이기 때문에 절망하는 사람이 있다면 이것 없이는 경주가 성립되지 않음을 기억하는 것이 좋을 것이다.

태고의 바다에서 무생물로부터 생물로의 전이(轉移)가 급격히 이루어졌을까? 그렇지 않으면 시작한 순간에, 혹은 생물의 첫 모습을 잡을 수 없을 정도로 느리고 점진적인 진화를 통해 일어났을까? 아무도 확실히 모른다. 우리는 지금도 미시적인 세계에서는 생물인지 무생물인지 구별할 수 없는 형태들이 있음을 알고 있다. 이들은 생물의 성질도 일부 갖고 있으나 생명에 필수적인 것으로 생각되는 다른 어떤 성질들은 갖고 있지 않아서 생물과 무생물의 중간 상태에 위치한다. 예컨대 분자 바이러스들은 어떤 생세포 내에 들어가면 증식을 한다. 그러나 이런 세포 바깥에서는 증식하지 못한다. 이들은 생물인가, 무생물인가? 심지어 어떤 무기물도 일정한 조건 아래에서 일반적으로 생물과 연관 짓는 두 가지 성질들을 나타낸다. 즉 이들은 자랄수 있고 빛의 자극에 반응하는 것이다.

그리하여 원시 바다에서 탄소화합물들은 점점 크고 복잡해져 마침내 그들 중 어떤 것은 화학적으로 스스로 증식하는 형태가 되었다. 이러한 형태에 대해 웰스(Herbert George Wells, 1866~1946)와 헉슬리(Julian Huxley, 1887~1975)가 『생명의 과학』에서 다음과 같이 기술했다.

이 죽 같은 바다에서 자신을 유지하기에 충분한 양식과 에너지를 발견했을 것이며, 그리하여 이것은 정말로 살아 있는 무엇으로 진화하였다.

그럼 '정말로 살아 있는 무엇'의 특징은 어떤 것인가? 이것의 전체적 특징은 스스로 정의하고, 스스로 결정하며, 스스로

증식하는 것이다. 우리가 이미 지적한 바와 같이 어떤 무생물
들은 생명의 특징 중 한 가지 혹은 두 가지는 가진 것처럼 보
이지만, 이 특성들은 결코 자신이 지시하는 내적인 힘으로부터
나타나는 것은 아니다. 한 무생물이 빛 쪽으로 향할 때 이것은
순전히 외부의 자극에 반응하는 것이므로 외부로부터의 자극에
의해 행동한다고 말할 수 있다. 반면에 생물 중 특히 간단한
것은 마찬가지로 반응하지만, 보다 고차적인 생물은 내부의 충
동에 의해 적극적으로 빛을 찾는다. 무생물이 자랄 때 그것은
외부로부터 부착되는 것 때문에 커진다. 반면 생물은 내부에서
음식을 흡수하여 그것을 생조직으로 만들어 내부로부터 바깥으
로 성장한다. 무생물은 그것을 정의할 수 있는 특징적인 조건
에 의해 결정된다. 물은 소량의 증기 혹은 거대한 바다로 존재
할 수 있다. 어떤 물의 덩어리는 일정한 모양을 갖고 있지만
이것은 물을 담고 있는 용기의 모양이지 물 자체의 모양은 아
니다. 반면에 생물은 특징적인 크기가 있어서 내적인 힘이 이
크기까지 성장시키려고 하며 그 이상은 자라지 않는다. 또한
생물은 다른 종류와 구별할 수 있게 하는 특징적인 모양을 갖
고 있다. 생물의 다른 특성들은 생식, 대사, 반응성, 세포들로
일정하게 조직된 것(가장 간단한 것은 단세포로 되어 있다),
내부에서 지시하는 움직임, 그리고 무생물과는 구별되는 일정
한 화학 조성이다. 이는 물론 원형질의 조성(T. H. 헉슬리
(Thomas Henry Huxley, 1822~1895)는 이것을 '생물의 물
리적 기초'라고 했다)을 말하며 여기에 들어 있는 원소들의 분
율은 생물의 종류에 따라 많이 다르지만 언제나 50% 이상이
물이다.

172

물과 생명

아주 먼 옛날에 따뜻하고 얕고 양식이 풍부한 바다에서 생물이 탄생하였다. 아마 이것은 가지를 내고 분열하며 갖가지 크기와 모양을 가진 끈끈한 물질이라고 생각하면 정확할 것이다. 처음에는 이 끈끈한 물질이 단세포생물들로 구성되어 있었을 것이다. 후에 세포들이 한데 뭉쳐서 공동체의 한 부분으로 남아 있으면서 서로 다른 분화된 기능을 수행하기 위하여 스스로를 개조하였다. 그리하여 점점 더 복잡한 생물들이 발달하였다.

진화 과정의 초기에 이 바다의 끈끈한 물질 일부가 푸른색을 띠게 되었다. 이것은 엽록소라는 신기한 색소가 착색되었는데 이것은 태양의 복사에너지를 이용하여 이산화탄소와 물로부터 복잡한 양식을 만들 수 있었다. 그 끈끈한 물질 중 엽록소를 갖지 않은 부분은 결국 엽록소를 가진 부분으로부터 양식을 얻어먹게 되었다. 그리하여 그들은 다른 것에 의존하고 살았으므로 처음엔 불리한 조건에서 진화를 시작하였다. 그러나 진화가 진행됨에 따라 이들은 자신의 엽록소가 없어서 식량이 확보되어 있지 않은 불리점을 보충하고도 남을 정도로 기동성과 선택의 자유를 얻게 되었다. 그리하여 동물계와 식물계가 분리되었는데 이들은 같은 원천으로부터 출발하였으나 그 끝이 매우 달라진 진화의 두 큰 흐름들이었다. 결국 생명은 여러 가지 형태로 바다로부터 육지로 올라왔는데, 아마 육지에 처음 나타난 것은 식물이었겠지만 곧 초식동물들, 육식동물들, 잡식동물들이 뒤따라 출현하였다. 동물은 유기화합물들의 중성 용액인 외부의 유체를 식량원과 대사의 유해 폐기물 처리장으로 더 이상 필요로 하지 않는 형태였다. 대신 이들의 조직이 내부의 염용액에 잠기게 되었다. 1장에서 말한 바와 같이 그들은 바닷물을 혈액으로 변환시켜 내부화하는 데 성공한 것이다. 더구나 그때쯤에는 식물의 폐기물과 동물의 폐기물 사이에 훌륭한 균형이 이루어졌다. 식물의 폐기물은 주로 산소이고 그 밖에 이산화탄소와 물이었다. 동물의 폐기물은 이산화탄소, 물, 요소 및 변으로 구성되어 있으며 산소는 전혀 없었다. 그리하여 식물계의 기체 폐기물은 동물의 기체 식량이 되었고, 거꾸로 식물은 동물이 호흡 시에 배출한 이산화탄소를 광합성에 사용하였다.

생명의 이 지류(支流)가 어떻게 여러 모양과 종류로 발달하였으며, 어떻게 간단한 반응성이 의식이 되고 의식이 점점 더 추상적이고 복잡한 지성으로 변했는지에 관한 이야기는 이 에세이에 적절한 부분이 되지 못한다. 여기에서 말할 필요가 있는 것은 이 진화 과정의 모든 국면에서 물이 중요한 역할을 하였으며 또한 진화하는 생명은 점점 더 그 환경을 개조했다는 점이다.

한 가지는 지표(地表)의 개조인데 지표의 거친 곡면은 대체로 부드러워졌으며 동식물의 작용으로 그 모양이 훨씬 다양하게 되었다. 바다에는 조개들과 물고기들이 있었으며 이들의 시체가 계속 해저에 축적되어 석회석의 퇴적물을 형성하였다. 이들은 지각이 주름지고 어긋나며 바다가 이동함에 따라 노출된 육지의 일부가 되었다. 육지에서는 원시 식물의 화학이, 그리고 후에는 식물의 뿌리가 바람과 비와 합세하여 바위를 풍화시키고 흙을 만들었다.

또 하나는 대기의 개조인데 이것은 매우 중요한 것이었다. 수백만 년이 지나가자 죽은 식물이 석탄, 석유 및 이탄(泥炭)의 형태로 거대한 탄소의 퇴적물을 형성하였다. 이런 과정에 의해 이산화탄소는 대기에서 제거되고 그 대신 식물이 배출하는 산소가 이산화탄소를 대치하였다. 한때 대기의 큰 부분을 차지했던 이산화탄소가 지금은 부피로 0.03%를 차지할 뿐이다. 이러한 대기 조성 변화가 지구의 기후에 영향을 미쳤음은 물론이다.

사람의 물 문제

그러나 생명이 환경을 가장 많이 바꾸어 놓는 것은 사람이 기술을 개발함으로써 이룩된 것이다. 이 개조로 말미암아 최근에는 물 문제가 점점 더 심각해지고 있다.

물은 가장 흔한 물질로 생각되어 왔지만 해마다 점점 덜 흔해지고 있다. 인구가 증가하고 기술이 발달함에 따라 사람은 점점 더 많은 물을 쓴다. 인구가 극히 적던 옛날에는 일반인이 하루에 10~20ℓ의 물을 썼으며 중세에도 그 이상을 쓰지 않았다. 19세기에 기술이 발달한 서양의 여러 나라에서는 1인당 물의 소비량이 하루에 40~60ℓ로 증가하였다. 1900년 이후에 인구와 1인당 소비량이 둘 다 비약적으로 증가하였다. 미국에서는 인구가 2배가 되고 자동세탁기, 건조기, 식기세척기, 에어컨, 찌꺼기 처리기 등을 사용함으로써 1인당 물의 소비량은 6배로 증가하였다.

미국에서는 농업에서 하루 4000억ℓ의 물을 쓰고 공업에서 3000억ℓ의 물을 쓴다. 옥수수 1말을 생산하기 위해서는 5~10t의 물이 필요하고 쇠고기 1kg을 생산하기 위해서는 30~40t의 물이 필요하다. 1배럴의 원유를 정유하기 위해서는 18배럴의 물이, 1배럴의 맥주를 생산하기 위해서는 100배럴의 물이, 1gal의 휘발유를 얻기 위해서는 10gal의 물이, 1t의 펄프를 생산하기 위해서는 250t의 물이, 화력발전소에서 1t의 석탄을 전기로 바꾸는 데는 1,000t의 물이 필요하다. 모두 합해서 미국은 현재 하루에 2400억 gal의 물을 쓰고 있다. 60년 전에는 하루에 400억 gal을 소비하였으며 미국 지질조사소의 추정에 의하면 20년 이내에 미국의 1일 소비량이 6000억 gal에 이를 것이라 한다.

물론 이 물 중의 많은 부분은 반복해서 사용될 수 있으나 상당한 부분은 재사용될 수 없다. 어떤 부분은 수증기로 소모되고, 혹은 폐기물로 오염된다. 그리하여 지하수의 수면이 점점 낮아져, 갈수록 더 깊은 우물을 파야 하고, 하수 오물과 공장의 폐기물로 호수와 강이 오염되는 것은 매년 더 심각해지며 해결에 더 많은 비용이 필요한 문제가 되고 있다. 도시에서는 갈수록 물의 양을 충당하기 위해 물의 질을 희생해야 할 필요가 커지고 있다.

현재로서는 물의 부족을 해결하기 위한 두 가지 주요 방안들이 강구되고 있다. 한 가지는 물 경제를 개선하는 것, 즉 오염을 보다 효과적으로 방지하고 제거하며 사용할 수 있는 물을 보다 효율적으로 이용하는 것이다. 다른 한 가지 방법은 인공으로 비를 내리고 바닷물을 신선한 물로 만들어 물의 공급량을 크게 증가시키는 것이다.

몇 년 전 이 책의 필자 중 한 사람은 당시에 살고 있던 캔자스 강 유역(流域)의 수질오염을 조사하였다. 그는 그곳에서 이 문제를 해결하기 위해 사용하고 있던 이면(二面) 작전을 조사하였다. 한편으로는 오염된 물을 정화하여 다시 쓸 수 있게 하는

176

것이고, 또 한편으로는 오염을 예방하는 것이었다. 이 두 방법 모두 이런 문제에 있어서는 전형적인 것들이므로 여기에서 이들을 예로 들겠다.

캔자스주의 로런스(Lawrence)시가 약 2만 명의 주민들을 위해 안전한 물을 공급받는 방식을 고찰해 보자. 이것의 2/3는 캔자스 강으로부터, 나머지 1/3은 우물들로부터 온다. 이 물은 정수장(淨水場)에서 우선 염소로 멸균되는데 이것은 본(本)정수 과정 이전에 일어나므로 예비 염소처리라고 부른다. 그다음에 이 물은 응집(Flocculation)을 위해 명반, 황산철 및 석회로 처리되는데, 명방(황산알루미늄)은 석회와 반응하여 수산화알루미늄을 형성하고, 황산철은 석회와 반응하여 수산화철을 형성한다. 이렇게 해서 생긴 응집제는 매우 조밀한 빗처럼 물을 지나가며 떠 있는 물질들을 제거한다. 그다음엔 이 물을 침전장에 보내 고체들을 가라앉힌 다음 일련의 여과기를 통과시킨다. 이 여과기는 두께가 90㎝인 크기가 일정한 모래의 층들이다. 다음에는 그 물을 소다회(탄산소듐)로 처리하여 '단물'로 만드는데 이것은 칼슘, 마그네슘, 철, 망가니즘 같은 것들을 제거한다. 그다음에는 탄산수소염을 가해 단물을 만들 때 생긴 염기성을 줄인다. 물은 마지막으로 다시 염소처리하여 로런스 수도 시설의 관들로 보내진다. 하루 걸러서 각 여과기를 역세척(Back Washing)이라는 과정으로 청소한다. 여과 탱크를 비운 뒤 밑으로부터 물이 모래를 지나가게 압력을 가하면 48시간 동안 축적된 오물이 위로 떠오르는데 이것을 강한 물줄기로 씻어낸다. 이런 방법으로 로런스 정수장은 하루에 30만 gal, 혹은 1분에 2,000gal의 물을 처리한다.

수질오염을 예방하기 위해서는 주로 오물의 처리에 집중하고
있다. 미국 공중보건국(Public Health Service)은 **어떤 오물이**
라도 그대로 강에 버려서는 안 되며 모든 오물은 버리기 전에 적
절한 처리를 해야 한다고 강조하고 있다. 그러나 필요한 처리의
정도는 오물의 양과 종류, 그리고 강물의 양과 질에 따라 다르
다. 어떤 경우에는 '1차적' 처리만으로 충분하고, 어떤 경우에
는 '2차적' 처리도 필요하다.

'1차적' 처리는 가장 간단한 처리이다. 하수를 조밀한 그물에
통과시키기만 하면 떠 있는 고체들의 20~25%는 제거되며, 세
균의 수는 10~20%, 산소 요구량은 5~10% 줄어든다. 물의 유
기물 오염은 생화학적 산소 요구량(Biochemical Oxygen
Demand, B.O.D.)으로 측정할 수 있다. 이것은 존재하는 불안
정한 유기화합물을 산화하는 데 필요한 산소의 양이므로 산소
요구량이 크면 클수록 오염도가 높다. 그물을 통과시키는 것에
침전 과정을 추가하여 하수를 일정한 시간 동안 침전장에 가만
히 놓아두면 물에 떠 있는 고체들의 40~70%가 제거되며 세균
의 수는 25~75%가 감소하고 산소 요구량은 25~40% 줄어든
다. 이 거르기와 침전의 두 과정이 '1차적' 처리이다.

강물의 부피에서 하수의 비가 높을 때 필요한 '2차적' 처리
에는 주요한 두 가지가 있다.

둘 중 보다 복잡한 것은 '활성화 침전물' 과정인데 이것은 일
부 부패되고 세균으로 적절히 '활성화'된 오물을 써서 처리되지
않은 새 오물을 빨리 부패시키는 방법이다. 기본적 과정은 세
부분으로 구성되어 있다. 우선 오물을 그물과 침전 탱크에 통
과시킨 다음 부피의 20~35%인 생물학적으로 활성인 침전물과

섞는다. 두 번째로, 이 혼합물에 공기를 통과시켜 흔드는데 공기 중에서 오물을 부패시키는 세균들이 빨리 증식한다. 유기고체들은 빨리 산화하며 떠 있는 물질들은 쉽게 침전하는 형태로 엉긴다. 세 번째로, 특수 탱크에서 마지막 침전이 일어나게 한다. 이 과정의 끝에 흘러나오는 물('유출액'이라 부른다)은 깨끗하고 유기물을 거의 함유하지 않고 있다.

다른 주요한 2차적 처리는 '세류(細流)여과' 과정이다. 이것은 중심 부분이 하수를 두께 5~10㎝의 부서진 돌들로 된 2m 깊이의 층을 조금씩 새어 나가게 하는 것이므로 이런 이름을 갖게 되었다. 이 과정은 매우 간단하므로 작은 지역사회에 적절한 방법이다. 이것을 이해하는 데는 기술적 지식이 별로 필요 없으며 이것을 가동하는 데도 특별한 기술이 요구되지 않는다. 이 과정은 사실상 거의 자동적이다.

일례로 캔자스주의 스미스 센터(Smith Center) 하수처리장을 보기로 하자. 하수는 굵은 고체들을 분리해 내는 그물을 통해서 이 처리장으로 들어가며 그 다음에는 임호프(Imhoff) 탱크라고 불리우는 침전 탱크로 들어간다. 이 탱크는 독일인 카를 임호프(Karl Imhoff)가 발명한 것인데 고체가 바닥에서 부패할 때 나오는 기체 방울이 위에 있는 아직 처리되지 않은 오물을 교란시키지 않도록 설계해서 오물이 잘 침전되게 한 것이다. 이 탱크는 둥근 여과층의 몇 피트 위에 놓여 있다. 이렇게 함으로써 배출구의 사이펀(Siphon) 장치가 층 위에서 돌고 있는 회전분배기를 움직일 수 있게 한다. 이것을 통해 1차적 처리를 끝낸 하수가 거친 돌들 위에 뿌려진다. 여과기의 바닥으로부터 지하 하수도를 통해 하수는 마지막 침전 탱크로 보내져 그곳에서 검은 타르 같은 침전물을 얻는다. 그러면 이 침전물을 도로 임호프 탱크에 넣어 부패시키거나 특수한 부패 탱크 속에 넣는다. 유출액은 역시 유기물을 거의 함유하지 않은 깨끗한 물이다.

활성화 침전물을 사용하는 처리장은 잘 가동되면 산소 요구량을 85~95% 줄이고 물에 뜬 고체도 같은 비율로, 그리고 세균은 90~98%를 제거할 것이다. 세류여과처리장도 거의 맞먹을 정도로 효과적이다. 이들은 산소 요구량을 80~95% 줄이고 떠 있는 고체를 70~92%, 세균을 90~95% 제거한다. 그러나 오염의 방지가 이 처리 과정에서 얻을 수 있는 유일한 대가는 아니다. 부패탱크에서 침전물이 발효할 때 가연성 기체 혹은 기체 혼합물(메탄이 주성분임)이 얻어지며 이것을 파이프로 수송하여 공장을 가동하는 데 이용할 수 있다. 어떤 도시들에서는 상당한 지역이 오물로부터 나온 기체를 연료로 하여 발전된 전기로 등을 켜고 있다. 나아가서 완전히 부패한 후에 남은 오물 침전물은 식물에 필요한 영양분이 풍부한 부식토(腐植土)가 되며 부패를 끝까지 시키지 않으면 침전물은 질산염을 더 많이 갖게 된다. 고갈된 토양을 소생시키는 데 있어서 이보다 더 좋은 물질은 없으며 분뇨와는 달리 안전하고 기분 좋게 다룰 수 있는 깨끗한 물질이기도 하다. 몇몇 도시들은 오물처리 과정의 마지막 물질을 팔아서 오물처리 비용의 상당한 부분을 충당하고 있다. 위스콘신주의 밀워키(Milwaukee)시가 생산하는 비료(다른 성분을 첨가한 오물침전물)의 상품명은 '밀로거나이트(Milorganite)'이고, 네브래스카(Nebraska)주의 링컨(Lincoln)과 아이오와(Iowa)주의 디모인(Des Moines)에 있는 오물처리장에서 나온 부패된 침전물을 건조시켜 가루로 만든 것의 상품명은 '소일톤(Soiltone)' 이다.

그러나 우리가 지적했듯이 오염을 방지하고 제거함으로써 인간의 물 경제를 개선하고 사용할 수 있는 물의 이용 효율을 높이는 것만으로는 결코 물의 부족을 해결할 수 없다. 물의 부족은 해가 갈수록 점점 심해지고 있다. 그러므로 인공강우 실험과 바닷물을 신선한 물로 만드는 방법이 매우 중요시되고 있다.

어떤 조건에서는 드라이아이스나 아이오딘화은의 미세 입자로 구름 중에 '씨'를 만들어 주면 비가 내리는 것이 입증되었다. 여기에서 알갱이들은 물이 얼음 결정으로 얼게 하는 핵의 역할을 한다. 이 방법이 우리의 물 경제 전체에 중요할 정도로 대규모로 사용될 수 있을지는 두고 보아야 할 것이다. 인공강우는 아직 실험 단계에 있으며 실험 결과의 해석에 있어서 과학자들 간에 상당한 논란이 벌어지고 있다. 설령 과학적인 토대 위에서는 실용성이 있는 것으로 증명된다 할지라도 사회적, 경제적 이유로 실용 가치가 없을지도 모른다. 언제 어디에서 얼마의 비가 내려야 할지 누가 결정할 것인가? 그리고 어떤 기준을 사용해야 할 것인가?

바닷물을 민물로 바꾸는 것에 대해서는 물론 수 세기 동안 효과적인 방법이 한 가지 알려져 있었다. 그것은 물을 끓여서 그때 생기는 증기를 응결하는 방법, 즉 증류였다. 이 과정은 염의 이온과 극성분자인 물 사이의 결합을 떼어 놓는 것, 즉 수화(水化)된 이온들(Hydrated Ions)을 탈수시키는 것으로 볼 수 있는데 최근에 와서 이것을 달성하는 몇 가지 다른 방법들이 개발되었다. 그러나 과거에는 이 모두가 대규모로 실용성을 갖기에는 너무 비용이 많이 들었다. 1, 2년 전까지도 가장 저렴한 과정으로 바닷물을 변환하는 비용은 생산되는 순수한 물 1,000gal당 4달러였다. 그런데 우물, 호수 및 강으로부터 끌어오는 수돗물은 1,000gal당 평균 30센트에 불과하다.

1960년 초에 물 문제를 담당하고 있는 미국 내무성의 관리들은 한 증류 과정이 개발되었으며 1,000gal당 1달러 미만의 추정 비용으로 짠물을 민물로 바꾸는 대규모의 시험을 행하고자 한다고 발표하였다. 여러 해 전에 과학자들과 기술자는 바닷물을 뜨거운 관에 통과시켜 그곳에서 증발하게 한 다음 차가운 관으로 보내어 순수한 물로 응결시키는 방법을 개발하였다. 이 방법의 문제점은 바닷물이 끓을 때 석출되어 나오는 염이 관의 벽에 관석(罐石)을 형성하여 곧 관을 메워 버리는 것이었다. 강철이나 납 대신에 값비싼 구리-니켈 합금으로 만든 관을 쓰면 관이 막히는 속도가 줄어들었으나 그래도 역시 계속 관이 막혀서, 이 방법을 대규모로 이용하기에는 비용이 너무 비쌌다. 그러던 중 1958년에 미시간의 화공기술자인 배저(Walter L. Badger)가 인공강우법과 매우 비슷한 아이디어로 이 문제의 해결을 시도하였다. 염은 바닷물 속에서 분명히 서로 간에 인력을 갖고 있다. 염용액 중의 물의 양이 증발에 의해 감소함에 따라 염은 한데 모이는 경향을 나타낸다. 염의 이러한 성질은 증류가 진행함에 따라 관의 벽에 관석이 생기는 속도를 가속시켰다. 그렇다면 관에 넣는 원래의 바닷물에 부서진 관석 조각들을 넣으면 되지 않을까? 이 경우에 관석 조각들은 응집핵으로 작용하여 염들을 흐르는 물에 떠 있을 방울들로 만들지 않을까? 배저는 그렇게 될 것으로 생각하였다. 그는 이 착상을 발표한 지 몇 달 후에 죽었으나 그 착상 자체는 고무적인 결실을 보았다. 노스캐롤라이나주의 하버(Harbor) 섬에 세워진 시험 공장에서는 1960년에 배저가 제안한 방법을 써서 몇 달 동안 하루에 1,200gal의 속도로 바닷물을 탈염하였으며 내무성의 관리들에 의하면 관석 문제는 거의 완전히 해결된 것으로 보였다. 1960년 5월에 연방정부는 텍사스주의 프리포트(Freeport)에 배저의 방법을 써서 멕시코 만으로부터 매일 100만 gal의 민물을 생산할 공장을 건설하기 위한 계약을 허가하였다.

1,000gal당 1달러의 비용으로도 바다로부터 얻는 민물은 미국 여러 지역에서 천연적인 민물원(源)으로부터 얻는 물과 경제적으로 경쟁할 수 있다. 예컨대 플로리다주의 키웨스트(Key West)는 1,000gal당 1.05달러의 비용으로 플로리다 본토로부터 140㎞의 수송관을 통해 펌프해 오는 물을 쓰고 있다. 1959년까지 캘리포니아주의 샌와킨(San Joaquin) 계곡에 있는 작은 마을인 콜링가(Coalinga, 인구 6,000)의 주민들은 60㎞ 떨어진 곳으로부터 트럭으로 싣고 오는 음료수에 대해 1,000gal당 7.50~9.35달러를 지불하고 있었다. 이러한 여건 때문에 콜링가는 짠물을 민물로 바꾸는 공장을 통해 음료수를 얻게 된 첫 마을이 되었다. 1959년에 가동을 시작한 이 공장은 1일 28,000gal의 속도로, 그리고 1,000gal당 1.45달러의 비용으로 그 지방에서 나오는 짠물을 탈염한다. 이것은 막(Membrane) 과정을 사용한다. 배저 과정은 현재와 같은 불완전한 단계에서도 콜링가의 1960년도 물값을 1/3로 줄일 수 있을 것이다.

짠물을 변환하는 다른 과정들(어떤 것은 물을 끓이는 대신 얼리는 방법을 쓰고 있다) 중 아직 실험실 단계에 있는 몇 가지는 변환 비용을 1,000gal당 50센트 이하로 내릴 수 있을 것이라고 한다. 이것이 실현되어 천연적인 민물원으로부터 얻는 것보다 더 값싼 비용으로 민물을 바다로부터 얻을 수 있게 된다면 그 결과는 원자핵에너지의 이용으로 얻은 결과보다 인간 생활에 더욱 지대한 공헌을 할 것이다.

지금까지는 물의 부족에 대해서 이야기해 왔다. 그러나 지역적으로, 일시적으로 물의 과잉이 문제가 되기도 한다. 즉 홍수의 방지와 조절이 그것이다. 이들은 수면이 낮아지는 전반적 문제와 결코 상치되지 않는다. 반대로 이 문제의 상당한 부분은 홍수의 빈도와 세기를 증가시키는 동일한 인간 활동의 결과이다.

사람이 살기에 알맞지만 아직 개척되지 않은 곳에서는 토양이 살아 있는 식물과 죽은 식물의 층, 혹은 부식토로 덮여 있다. 떨어지는 빗방울은 나뭇잎, 관목(灌木) 및 풀에 맞아 작은 방울로 부서져서 부식토로 덮인 땅에 뿌려진다. 부식토는 스펀지처럼 빗물을 흡수하여 그것과 식물의 뿌리가 붙들고 있는 흙 입자들 사이로 조용히 흘려 보낸다. 물은 떨어진 곳에 머물다가 식물에 의해 흡수되거나 여러 깊이에서 전 세계에 퍼져 있는 물의 연속적 그물조직의 한 부분이 된다. 그러나 그곳에 사람이 나타나면 그는 도끼, 불 및 쟁기로 다시 원시 시대처럼 지표를 발가벗겨 놓는다. 보호막을 잃은 경사지는 빗물을 흡수할 수도 없고 흙이 씻겨 내려가는 것을 막을 수도 없어서, 이 물이 불어난 내와 강으로 흘러들어 갈 때 부스러기들이 수로를 메운다. 진흙이 들어 있고 나무와 건물의 부스러기들이 떠 있는 홍수가 계곡에 퍼진다.

그리하여 물 문제를 다루는 중에 우리는 마침내 강에 이르게 되고, 홍수를 방지하고 조절하는 문제가 강에 집중되기는 하지만 강에만 국한된 것이 아님을 깨닫게 된다. 이들은 또한 강에 연관된 다른 문제들과 상관없이 해결할 수도 없다. 서언에서 인간 역사의 모든 이야기는 '물과의 서사시적 관계'로서 기술할 수 있다는 프랭크의 말을 인용한 것을 기억할 것이다. 이 이야기는 아직도 계속되며 이 이야기의 중심 부분은 아직도 물과 관련시킬 수 있다. 이것은 흐르는 물로서 매우 극적이고, 매우 정확한 비유로 이야기할 수 있다. 강은 인간이 그것을 가장 잘 이용하려고 노력할 때 윤리, 정치, 경제 및 기술의 모든 문제를 반영한다.

예컨대 강의 여러 국면과 이것들이 개별적인 문제가 아니라 한 강의 여러 국면이라는 것을 분명히 깨닫지 못하는 데서 오는 재난들을 생각해 보자. 여러 다른 입장에서 바라보는 강은 여러 가지 기능을 가진 것이다. 이것은 산업의 동맥이고, 전기로 변환할 수 있는 에너지원이며, 홍수의 위험을 안고 있으며, 메마른 땅을 꽃동산으로 만들 수 있는 기회이며, 음료수의 원천이고, 하수도이다. 이 기능들의 각각이 우리에게는 강을 하나의 문제로서 제시한다. 이것은 항해할 수 있는 수로를 만들거나 유지하는 문제, 수력전기를 개발하는 문제, 홍수를 조절하는 문제, 관개의 문제, 안전한 수돗물을 공급하는 문제, 오염을 낮추는 문제 등이다. 그리고 이 모든 문제들은 계속해서 흐르고 있는 물질의 국면들을 다루고 있으므로 서로 간에 깊이 얽혀 있다. 각 문제를 취급할 때는 나머지 문제들을 고려해야 하며, 나아가서 각각은 전체를 임의로 분리해 놓은 것이므로 전체를 고려해서 해결해야 한다. 더구나 마지막 해결을 향해 점점 나아갈수록 이 '전체'의 개념은 더욱 깊어지고 넓어진다.

강의 하류에 배가 항행할 수 있는 수로를 유지하려면 상류에서 관개의 목적으로 필요한 물을 사용해야 한다. 홍수를 조절하기 위한 한 가지 목적으로 그러한 강의 하류에 댐을 만들면 같은 댐을 수력발전을 위해 효과적으로 사용할 수가 없다. 만약 오물을 강에 버리면 그 지방의 오물처리 문제는 해결될지 모르지만, 하류 지방의 공중위생에 위험을 초래하고 휴양지로서의 강을 파괴한다. 강에 연관된 모든 큰 사업은 다목적이어야 함이 분명하다. 그 사업은 여러 상치되는 이해관계를 균형 있게 만족하도록 설계되어야 한다. 그리고 이것이 궁극적으로 만족스러우려면 이 균형이 강의 본질과 관련해 실현되어야 한다.

그러면 이 강의 본질이란 무엇인가? 우리는 강이 그것의 원천과 하구, 하늘을 향하고 있는 평평한 수면, 그리고 강바닥과 둑으로 정의되는 흐르는 물의 덩어리라고 말한다. 그러나 이들은 언뜻 보았을 때와는 달리 결코 선명하게 강의 경계를 정하는 면들이 아니다. 이 경계 면들을 자세히 보면 강 속에 흐르는 물을 그 주위에 퍼져 있는 물과 구별할 수 있는 선을 명확히 그을 수 없음을 알 수 있다. 강은 그것이 지나가는 땅과 연속적임을 알게 될 것이다. 강은 지표 위를 흐르는 물뿐만 아니라 지하의 샘물과 스며 나오는 물을 받아들이고, 수면에 바람이 불고 햇볕이 쪼일 때 증발에 의해 표면장력까지 달라지며, 강바닥의 특징에 따라 강의 교란(攪亂)도 달라진다. 그러므로 궁극적으로 만족스러운 강 계획을 수립하려면 전 유역을 고려해야만 한다.

결어

우리는 이 에세이의 끝에 도달하였다. 우리가 강으로써 끝을 맺는 데는 어떤 의미가 있는가?

우리는 약 2500년 전에 물을 만물의 근원인 보편적 물질로 생각한 밀레토스의 탈레스에 대한 이야기로부터 시작하였다. 그가 제안한 비유는 무한하고 영구한 존재의 바다, 움직임이 있는 것처럼 보일 뿐인 완전히 고요한 물이었다. 물의 모든 외관적 동요, 파고, 흐름, 소용돌이는 거짓 모양이었다. 곧 탈레스의 생각을 정확한 견해로 받아들이는 그리스의 철학자들이 많이 나타났다. 그들 중의 어떤 사람들은 물의 바다보다 공기의 바다에 관해 말하였고, 또 다른 사람들은 궁극적인 물질에 대해 다른 개념들을 가졌으나 모두 존재(영구적인 것)만이 실재임에 동의하였다. 그들은 변화는 감관의 환상이라고 선언하였다.

탈레스가 생존해 있는 동안 매우 다른 견해를 가진 한 그리스 철학자가 태어났다. 에페소스(Ephesos)의 헤라클레이토스 (Herakleitos, B.C. 540?~457?)는 모든 영구적인 것이 환상이고 변화만이 실재라고 선언하였다. 그는 모든 존재는 변화라는 것을 십여 가지 다른 방식으로 주장할 때 역설을 애용했기 때문에 '애매한 사람'이라고 불렸다. 그는 불이 만물의 근원이요, 만물을 구성하는 근본적 원소라고 말한다. 그는 "이 세계는 언제나 일부분은 불붙고 있고 일부분은 꺼지고 있는 살아 있는 불이다"라고 적었는데 여기에서 그는 불꽃을 강물과 비슷한 영구적인 흐름으로 보는 그의 견해를 나타내고 있다. 강에 대해서 그는 다음과 같은 매우 유명한 금언을 남겼다.

우리는 같은 강물에 두 번 발을 들여놓을 수 없다. 새로운 물이
계속 우리에게 흘러오기 때문이다.

이 에세이는 전개에 따라 어떤 의미에서 탈레스로부터 헤라
클레이토스로 옮겨 갔다. 앞의 장들에서 우리는 물을 분석할
수 있는 정적인 물질로 취급하였다. 우리는 물의 두드러진 성
질들에 관해 이야기하였으며 물의 발견을 역사적으로 간단히
살펴보았다. 물론 여기에서 물의 발견이란 물질로서, 그리고 자
연법칙의 표현으로서 물이 무엇인지를 탐구한 것을 뜻한다. 우
리는 분석에 의해 물이 데모크리토스와 돌턴의 원자들로 나누
어졌을 때도 그것을 계속 정적인 물질로 취급하였다. 물을 구
성하는 단단하고, 질량이 있고, 영구 불멸인 산소 및 수소 원자
들은 변화의 모든 현상들을 지탱하는 영구성의 기초였다. 그러
나 우리가 현대 물리학에 비추어 물의 유별난 성질들을 설명하
려고 했을 때 이 영구성이라는 개념은 완전히 버려야만 했다.
우리는 모든 것이 실제로 영구한 흐름, 나아가서 헤라클레이토
스가 선언한 불의 흐름이라고 결론짓게 되었다. 원자란 어떤
경우에는 입자로, 또 어떤 경우에는 파동으로 볼 수 있는 전하
를 띤 에너지의 단위들이 소용돌이처럼 움직이고 있는 계(系)임
이 드러났다. 우주는 광활하고 끊임없는 시공간(時空間)의 흐름
인데 만사(萬事)는 이 속에서 일어나는 사건들이며 이 사건들은
유기적으로 연결되어 있는 것으로 보인다.

여기에서 우리가 강으로 끝맺는 것에 대한 타당성을 찾을 수
있다. 우리는 물에 관한 에세이를 일반 과학과 관련지어 쓰려
고 노력하였다. 우리는 물과 관련시켜 일반 과학에 대해 많이

기술하였다. 그리고 우리의 결론은, 자연계는 과학자들이 점점 더 깊이 연구함에 따라 강처럼 흐르는 실재로 드러나고 있다는 것이다. 이것은 강과 같이 언제나 과거의 모습 그대로 남아 있으면서, 또한 현재와 다른 것으로 계속 변하고 있는 점에서 역설적이다. 불확정성원리가 그것의 중심에 놓여 있는 듯하다.

이것의 한 결과는 이제는 과학을 생물학, 지질학, 무기화학, 유기화학, 물리학 등과 같이 과학의 발달 초기에 만들어진 분야들로서 의미 있게 정의하기가 점점 어려워져 가는 것이다. 이런 명확한 구분은 과학적 연구가 자연계의 비교적 피상적이고 정적인 국면들에 관련되어 있을 때만 가능하였다. 우리의 시대에서는 과거에 과학의 여러 분야들을 분리해 놓았던 간격들이 사라졌다. 이 분야들은 원자핵물리학이라는 큰 줄기로부터 뻗어 나온 가지들임이 밝혀졌다. 그리고 물리학은 시공간의 흐름으로 점점 깊이 뛰어들어 감에 따라 점점 더 물리적인 것을 넘어 추상적인 관념의 영역으로 들어가고 있다.

역자 후기

　새삼스레 물에 대해서 더할 이야기가 있을까? 물은 너무나 흔한 물질이고, 우리에게 친숙한 물질이기 때문에 이런 의문이 생길지 모른다. 그러나 독자는 이 책을 통해 물이 이야기할 거리가 많은 특이한 물질임을 발견하게 될 것이다.

　물은 분자량이 비슷한 다른 물질들에 비해 높은 끓는점과 어는점을 갖고 있다. 그리하여 물은 세 상태(기체, 액체 및 고체)가 모두 우리에게 친숙한 물질이다.

　또한 물은 천천히 증발한다. 물을 기화시키는 데는 많은 양의 열이 필요하기 때문이다. 그리하여 무더운 여름에도 강과 호수가 말라 버리지 않는다.

　물이 가진 또 하나의 다행한 성질은 얼면 가벼워지는 것이다. 만약 얼음이 물보다 무겁다면 겨울에 얼음이 강이나 호수의 바닥으로 가라앉을 것이고, 그 위에 있는 물이 열을 잘 전도하지 않아 여름에도 녹지 않을 것이다. 그리하여 한대 및 온대 지방에서는 호수와 강, 심지어 바다까지 점차 얼음덩어리로 변할 것이다.

　물은 또한 열용량이 유난히 큰 물질이어서 막대한 태양열을 저장하여 날씨와 기후를 완화시키는 역할을 담당한다. 그 밖에도 물은 큰 표면장력을 나타내며, 갖가지 물질들을 녹이는 능력을 갖고 있다.

　이런 특성들을 가진 물은 거대한 지질학적 힘으로서 지구 표면의 모양을 형성하고, 생명이 탄생할 터전을 마련해 주었다.

생명은 실제로 물에서 출발하였으며, 가장 발달한 생명체인 인간은 70%가 물인 신체를 갖고 있다. 우리가 강이나 바다를 바라보거나 그곳에서 뛰놀 때 느끼는 비길 데 없는 즐거움에는 보다 근원적인 이유가 있을 것이다.

그러나 불행히도 우리가 마음껏 즐길 수 있는 강과 바다는 현저히 줄어들고 있다. 우리의 고향은 점차 오염되어 돌아갈 수 없는 곳으로 변모하고 있는 것이다. 이들을 보다 효과적으로 이용하기 위해 오락을 위한 장소로 사용하는 희생은 해도 좋다고 생각하는 사람이 있을지도 모른다. 그러나 비록 정수(淨水) 과정을 거친다 하더라도 오염된 강물을 마시지 않고는 살 수 없게 될 것이다.

그리하여 물은 오늘날 중요한 문제가 되고 있다. 매일같이 냄새나는 수돗물을 마시는 독자들은 이미 이 물 문제를 실감하고 있을 것이다. 어떤 부자는 시골에서 깨끗한 물을 길어다가 마시고, 또 어떤 사람은 자기 집에다 정수시설을 설치했다고 한다. 이것도 한 가지 해결 방식일지 모르지만 물 문제는 사회 전체적으로 해결해야 할 중요한 문제이다.

독자는 이 책을 통해 물에 대한 흥미로운 사실뿐만 아니라 물과 사회 사이의 중요한 관계에 대해서도 배우는 바가 많으리라고 믿는다.

끝으로 이 책의 출판을 위해 힘을 많이 쓰신 송상용(宋相庸) 선생과 한명수(韓明洙) 선생에게 감사드린다.

소현수(蘇玄秀)

물

과학의 거울

초판 1쇄 1976년 07월 30일
개정 1쇄 2018년 09월 20일

지은이 K. S. 데이비스 · J. A. 데이
옮긴이 소현수
펴낸이 손영일
펴낸곳 전파과학사
주소 서울시 서대문구 증가로 18, 204호
등록 1956. 7. 23. 등록 제10-89호
전화 (02)333-8877(8855)
FAX (02)334-8092
홈페이지 www.s-wave.co.kr
E-mail chonpa2@hanmail.net
공식블로그 http://blog.naver.com/siencia

ISBN 978-89-7044-836-7 (03430)
파본은 구입처에서 교환해 드립니다.
정가는 커버에 표시되어 있습니다.

도서목록

현대과학신서

도서목록
BLUE BACKS